KB272310

나무 사람 친구

나무 사람 친구

나무 사람 친구

지리산 부부
숲해설가의
눈높이 나무 공부

이창수
조숙경
지음

젤리클

나무 사람 친구

지리산 부부 숲해설가의 눈높이 나무 공부

초판 1쇄 2026년 4월 17일

지은이 이창수 조숙경

펴낸곳 젤리클 **펴낸이** 정철수

등록 2022년 9월 7일 제2022-000056호

전화 02-3141-1917 **팩스** 02-3141-0917

이메일 imaginepub@naver.com

블로그 blog.naver.com/imaginepub

인스타그램 @imagine_publish

ISBN 979-11-982414-7-4 (03480)

차 례

눈높이 나무 공부를
시작하며

뱀사골에 다니며 나무 공부를 시작하면서 숲해설가광주전남협회 홈페이지에 못난이의 사랑이라는 닉네임으로 사진을 올리기 시작했다. 나무 이름을 물어볼 겸 내가 알아낸 것을 공유하고 싶었다. 하나하나 알아갈 때마다 느끼는 환희를 누군가 알아봐 주기를 바라는 마음도 있었다. 그렇게 올린 사진과 물음 덕분에 내 이름도 조금씩 알려지기 시작했다.

숲해설가 자격증 공부를 하러 협회 문을 두드리자 사무국장과 교육팀장이 반갑게 맞아 주었다.

"아, '못난이의 사랑'이 선생님이셨군요."

2014년 봄 어느 날, 숲해설가광주전남협회를 통해 광주생명의 숲에서 숲해설 요청이 들어왔다. 장소는 무등산 원효사 지구였다. 숲해설가와 숲에 관심 있는 사람들, 국립공원 직원 몇 명도 함께한다고 했다. 나무 공부를 한 지 채 3년이 되지 않은 시점이었다. 나중에 생명의 숲 사무국장을 찾아 이름도 없는 나를 강사로 선택한 이유를 물었다. 주변에서 나무를 독특하게 해석하는 사람이 있다는 이야기를 들어서 기회가 되면 내 이야기를 직접 들어보고 싶었다고 했다.

숲해설은 답사가 기본이다. 그때 나는 당돌하게도 나무를 많이 안다고 생각하며 답사하지 않았다. 물론 광주가 멀어 답사하려면 하루를 꼬박 내야 하는 현실적 이유도 있었다. 그러나 사실은 근거 없는 자신감이 더 컸다. 지금 생각해 보면 태권도를 처음 배울 때 숙련한 검은 띠보다 이제 막 배우기 시작한 파란 띠가 어설프게 발차기하며 겉멋을 부리는 모습하고 다르지 않았다. 지금도 그때를 생각하면 많이 부끄럽다. 당시에 생명의 숲에 나를 연결시켜 준 숲해설가협회 사무국장은 황당함과 걱정이 가득한 얼굴이었다. 조금 일찍 도착해서 숲해설 장소를 둘러보기라도 해야 한다고 했다.

어쨌든 숲해설을 시작했다. 한두 꼭지를 마쳤을 즈음, 수업을 듣던 일행 가운데서 이런 말이 들려왔다.

"그래, 이게 숲해설이지."

나를 소개한 사무국장 얼굴도 답사조차 하지 않은 강사에 관한 불안에서 안도로 바뀌는 모습을 보았다. 다행히 첫 숲해설은 무사히 끝났다. 이날 숲해설을 계기로 이듬해인 2015년부터 숲해설가 광주전남협회에서 숲 생태 나무아카데미를 시작했고, 2026년 12년째를 맞이하고 있다.

나무는 알면 알수록 더 어렵다. 모든 분야가 그렇듯 나무를 이해하는 일도 알아갈수록 궁금한 점이 끝없이 생긴다. 나뭇잎이 바람에 흔들리는 모습이 궁금하고, 잎 가장자리에 난 톱니도 궁금하다. 키가 크면 큰 대로, 작으면 작은 대로 궁금하다. 온갖 것들이 궁금해 견딜 수 없을 만큼 마음이 분주해진다. 그러나 그 질문에 답해 주는 사람은 없다. 질문은 쌓이는데 대답은 없다.

그래서 나에게 나무는 늘 목마름이다. 껍질과 잎, 나무초리, 옆나무와 관계, 바람과 물, 흙과 돌의 관계까지 모두 관심 대상이다. 여기서 그치지 않는다. 이름도 궁금하다. 왜 그런 이름이 붙었는지 사람들 삶에서 나무가 어떤 존재였기에 그런 이름이 붙었는지도 궁금하다.

　지금 이 순간 나무와 숲은 몇 십만 년, 몇 백만 년 시간을 품어 온 결과다. 그래서 지구의 역사와 생물의 진화를 공부하게 됐고, 한국의 역사와 문화도 함께 살펴보게 되었다. 이 모든 공부는 결국 나무를 보며 떠올린 질문에 대한 답을 찾는 과정이었다. 답을 찾아 가는 과정에서 내가 확장되고 있다는 사실이 느껴진다. 그리고 삶의 중심이 점점 튼실해지고 마음도 단단해지고 있다.

　질문에 대한 해답을 찾을 때마다 나는 나무를 통해 사람들에게 전달했다. 사람들은 질문을 던지는 시선을 신기해했고, 답을 풀어 내는 방식에 감탄했다. 그러다 보니 어느새 '못난이 = 나무'가 공식처럼 굳어졌다. 나무 이름이나 나무에 관련된 이야기가 필요할 때 사람들은 나를 찾았다. 누군가 나를 소개할 때면 "이 친구가 바로 나무 이야기하는 사람이야"라고 말했다.

　어느새 나무 앞에 서면 나는 언제나 주인공이 되어 있었다. 세상에서 보잘것없이 살아왔다고 느끼던 내가 누군가에게 관심을 받는 대상이 되고, 내 이야기를 들으러 사람들이 찾아온다. 심지어 고맙다는 말도 건넨다. 내가 좋아서 하는 일을 남들도 좋아해 준다. 여전히 나는 나무가 그립다. 겨울눈이 품은 생명, 나무초리의 연한 빛, 나무 그림자를 만날 수 있는 겨울 숲이 그립다. 그래서 나는 또 나무를 만나러 간다. 나무 곁으로 다가선다. 나무를 통해 세상과 소통하고 나무를 통해 자연과 사람을 잇는다.

　인류가 처음 불을 피운 순간, 우리는 자연하고 새로운 방식으로 관계를 맺기 시작했다. 인간은 불을 피우려 나무를 베었고, 나무는 인간에게 추위를 녹이는 온기와 어둠을 밝히는 빛, 음식을 익히는 열기를 줬다. 나무는 인간의 삶 속으로 깊숙이 들어와 집을 짓고, 베를 짜고, 도구를 만들어 삶을 지탱하는 존재가 됐다. 불에서 문명이 시작됐다면 나무는 문명을 확장하는 뿌리가 됐다.

나무는 언제나 인간 곁에 있었다. 산에는 항상 나무들이 있어 열매를 나눠 주고, 사람들 가까이서 자라는 나무들은 고단한 사람들 마음을 어루만지며 사랑받기도 했다. 물가에서 나무하고 사람이 영토를 두고 다투기도 하고, 나무가 물가에 뿌리를 내려 흙을 다잡으며 아름다운 풍경을 만들기도 했다. 어떤 나무는 집의 기둥이 되기도 하고, 또 어떤 나무는 일상에 꼭 필요한 살림살이도 됐다.

이 책은 나무랑 함께 살아온 우리 삶을 돌아보는 이야기다. 눈높이 나무 공부를 위해 겨울철 나무에서 출발해 참나무, 소나무, 오리나무, 버드나무, 대나무를 차례로 다룬다. 잎을 떨군 채 겨울을 견디는 나무들을 살펴보며 겨울눈, 나무껍질, 가시 등을 통해 나무의 근본적인 구조를 알고 나무를 더 세분화해서 보는 눈을 기르려고 한다. 그러다 보면 혼자서도 나무를 구분할 수 있게 될 것이다.

많은 나무 중에 다섯 나무를 선정한 이유는 우리 주변에서 가장 비중이 크고 중요한 나무들이기 때문이다. 참나무는 우리 산을 대표하는 나무이면서 숲과 인간에게 미치는 영향이 크다. 소나무는 역사 속에서 민족의 상징으로 자리했다. 오리나무와 버드나무는 물가에서 사람하고 함께 살아왔다. 대나무는 생필품의 재료가 되어 일상생활에서 빠질 수 없다. 숲이나 산, 물, 일상에서 만나는 나무를 대하고 관계 맺는 방식을 함께 고민하면서 공부를 마무리할 수 있다면 좋겠다.

이 책은 '못난이'라고 불리는 이창수가 숲해설가광주전남협회에서 2015년부터 10년간 '나무아카데미'에서 강의한 내용을 자연명 '느림보'인 조숙경이 녹취하고 글로 풀어 다듬은 이야기에서 출발했다. 단순한 강의 기록이 아니라 못난이와 느림보가 함께 숲을 걸으며 나눈 마음을 담은 글이다.

김사인이 쓴 시〈다리를 외롭게 하는 사람〉에는 이런 구절이 있다. '다리를 빨리 지나가는 사람은 다리를 외롭게 하는 사람이네.' 이 구절을 이렇게 바꾸고 싶다.

"숲을 걸을 때 나무 이름을 부르지 않고 걷는 사람은 숲을 외롭게 하는 사람이네."

숲을 사랑하는 사람은 나무와 풀꽃, 곤충 이름을 부르면서 천천히 숲속을 걷는다. 그렇게 불러준 이름 하나하나가 숲이 되고, 우리 삶이 된다.

이 책 사용 설명서

목표

- 나무 이름을 알게 된다.

- 나무를 구분하는 방법을 알게 된다.

- 나만의 반려나무를 만들 수 있다. 반려나무를 통해 생태와 자연에 기여할 수 있다.

구성

- 이름의 유래를 찾는다.

- 사진 자료를 보며 생태적 특징을 확인하며 나무를 동정하는 방법을 익힌다.

- 역사, 환경, 제도 등 나무에 얽힌 이야기들을 알아본다.

과제

- 주변 숲으로 가서 배운 대로 나무를 동정해 본다.

- 나에게 맞는 반려 나무를 찾고 반려 나무 생일을 정해 본다.

나무 이름을 부르며
숲을 걷는다

나무 이름을 부르며
숲을 걷는다

어린 시절 놀던 서귀포 남원읍 고향 내창

겨울눈과 나무껍질로 나무를 보다 ― 못난이 이야기

서귀포가 고향이다. 제주에서 태어났다고 하면 다들 으레 바다를 떠올리며 생선 이름을 묻는다. 내 대답도 언제나 같다.

"나는 중산간에서 자랐어."

어릴 때 고기 알레르기가 있어 생선도, 육류도, 날짐승도 전혀 먹지 않았다. 당연히 동물 이름도 모르고 생태에도 관심이 없었다. 바다보다 산이 가까운 곳에서 지낸 나는 늘 나무를 보며 자랐다.

가끔 이런 농담을 듣는다.

"한라산에서 공을 차면 바다에 빠지지 않아?"

그럴 때면 웃으며 되물었다.

"한라산이 지리산보다 더 높아. 지리산에서 공을 차면 아랫마을에 떨어질까?"

"아, 그러네."

우리 동네에서는 냇가를 '내창'이라 부른다. 냇가라고 하면 보통 졸졸 흐르는 개울을 떠올리지만, 내창은 웅장한 계곡이다. 마을 사람들은 내창에서 생활하며 자연스럽게 나무와 열매 이름을 불렀다. 나는 길가에 자라는 이름 모를 풀들에도 눈길이 갔다. 그 풀들도 이름이 있을 텐데 아무도 불러 주지 않았고, 물어도 아는 사람이 없었다. 그런 갑갑한 마음을 안고 자랐다.

대학 시절, 운전을 하면서 또 궁금해졌다. 자동차 헤드라이트와 라디에이터에 밤마다 부딪혀 죽은 벌레들이 잔뜩 달라붙어 있었다. '왜 벌레들은 불빛에 이끌려 이렇게 죽어 갈까?' 원래 벌레가 살던 곳에 길을 내면서 많은 벌레가 죽는다는 사실이 마음에 걸렸다. 그 미안함과 안타까움을 동창들에게 말한 적이 있다. 아무도 대꾸하지 않았다. 무슨 말도 안 되는 소리냐며 이해할 수 없다는 표정만 돌아왔다.

그때 내가 보는 세상은 다른 사람들이 보고 있는 세상하고 다를지 모른다고 생각했다. 같은 공간에서 같은 것을 보면서도 나는 슬픔을 느끼고, 다른 이들은 아무렇지 않아 했다. 그런 거리감이 낯설고 혼자만 다른 감정을 품고 있다는 사실에 조금은 외로웠다. 그 뒤 곤충이 불쌍하다거나 나무가 안타깝다는 말을 함부로 하지 않게 됐다.

안타깝게도 그 당시에 자동차 불빛에 모여들어 죽은 벌레들은 오히려 덜 오염된 자연을 알리는 신호일지도 모르겠다. 지금은 밤에 자동차를 달려도 그렇게 죽는 벌레를 거의 볼 수 없다. 벌레들이 자동차를 피해서라기보다는 개체 수가 급격히 줄어든 탓일 것이다.

결혼하고 경기도 용인시에 정착했다. 아이가 다섯 살 무렵, 아내가 세밀화로 그린 초등학생용 식물도감을 사 왔다. 아마도 아이하고 함께 길을 걸으며 꽃과 나무 이야기를 들려주려 한 듯하다. 호기심에 책장을 넘겼다.

"어라? 내가 다 아는 나무잖아?"

쑥, 민들레, 할미꽃, 감나무, 대추나무……. 생각보다 많은 식물을 알고 있다는 사실에 깜짝 놀랐다. 그날부터 아이랑 밖에 나가면 길가에 핀 작은 꽃을 가리키며 이름을 불렀다.

그러던 어느 날, 탄천 산책로를 걷다가 유난히 키 큰 나무를 봤다. 아파트 단지에 사는 소나무나 잣나무보다 훨씬 커서 눈에 확 띄었다. '저 나무 이름을 아이가 물어보면 어쩌지?' 살짝 걱정이 들었다. 아니나 다를까, 아이는 커다란 나무를 바라보며 물었다.

"아빠, 저 나무 이름이 뭐야?"

아뿔싸. 대답하지 못했다. 나는 입을 다문 채 멈춰 섰다. 다섯 살 아이가 던진 질문 하나에 무너졌다. 그때 침묵은 아직도 내 가슴 한쪽에 단단하게 자리 잡고 있다. 아마 그때부터 나무를 갈망하기 시작했을지도 모르겠다.

도시에서 나는 도시가스 회사에 다녔다. 채권을 관리하는 팀에서 근무했는데 일의 중심은 항상 돈이었다. 회사는 돈을 매개로 움직이는 공간이다. 일의 대가로 받는 월급은 당연하고도 분명한 돈이다. 그러나 체납과 얽힌 돈은 결이 다르다. 업무 특성상 그 돈을 좇아야 했고, 법원은 늘 가까이에 있었다. 하루하루가 팽팽한 긴장 속에 놓였다. 요금을 체납한 사람을 찾아다니는 일도 그런 연장선이었다. 일부러 요금을 미루는 사람도 있지만 대부분 생활고에 시달리는 사람들이었다. 이 사람들 앞에서는 웃으면 안 된다. 밝은 표정을 지으면 "이렇게 사는 모습이 우습냐"고 한다. 그렇다고 무표정을 지으면 "왜 화를 내느냐"고 한다. 그렇게 몇 해가 지나면서 마음은 메말라가고 표정은 점점 굳어갔다. 그 시절, 아이는 내가 가만히 있으면 화가 난 줄 알고 눈치를 보기도 했다. 생활고를 겪는 사람들도 힘든 삶을 견디고 있었지만, 그런 사람들을 매일 마주해야 하는 일도 견디기 어려웠다.

그렇게 도시 생활이 점점 힘겨워진 나는 지리산 자락으로 귀촌했다. 산이 가까워서일까? 귀촌과 함께 나무에 대한 열망이 타올랐다. 온 산은 나무로 가득하지만 다가갈 방법을 찾을 수 없었고, 나무를 향한 목마름은 더욱 깊어졌다. 날마다 산에 오를 수 있을까? 산에 오르는 일로 생계를 꾸릴 수 있을까? 혼자서 나무 공부를 이어갈 수 있을까? 고민이 커지고 있었다.

마침 국립공원 종복원기술원에서 반달가슴곰 추적팀을 모집한다는 소식을 들었다. 서류를 제출하고 면접을 봤다. 면접관들은 나를 앞에 두고 조용히 의견을 나눴다.

"체력이 약해 보이는데."

대화가 고스란히 들렸다. 이대로 물러설 수는 없었다. 나는 웃으며 윗옷을 잡아 올리는 시늉을 했다.

"복근 보여 드릴까요?"

"됐습니다!"

세 면접관은 손사래를 치며 웃었다. 그렇게 나는 반달가슴곰 추적팀에 합류했다. 일주일에 닷새를 산에서 보내면서 반달가슴곰을 추적하는 만큼 나무도 추적했다. 1년 정도 시간이 지나고 나니 나무가 눈에 들어오기 시작했다. 요양 차 지리산에 내려온 어떤 이웃이 매일 나무만 보고 나무 이야기만 하는 나를 보더니 대학 친구라며 《한국의 나무》를 쓴 김태영 선생을 소개해 주겠다고 했다. 《한국의 나무》는 현장에서 활동하는 숲해설가들이 최고의 도감으로 꼽는 책인데 저자를 만날 수 있다니 너무 좋았다.

다행히 김태영 선생도 시간이 맞아 지리산으로 내려왔다. 그날 밤, 실내에서 이론 수업을 듣고 다음 날 한신계곡으로 발을 옮겼다. 계곡 초입에는 국립공원이 운영하는 야영장이 있다. 그곳에 예전부터 이름을 모르던 나무 한 그루가 있어 물었다. 키가 큰 나무라 김태영 선생은 망원경을 꺼내 겨울눈을 살폈다. '마주나기이고 단풍나무과인데, 네군도단풍 같습니다.' 북아메리카 원산인 네군도단풍나무를 야영장에 심어 둔 것이었다. 김태영 선생은 키가 큰 나무의 겨울눈을 보려고 망원경을 가지고 다닌다고 했다. 그날부터 내 배낭에는 언제나 망원경이 들어있다.

"아, 겨울눈으로 나무를 볼 수도 있구나."

또 한 번 깨닫는 순간이었다. 그 뒤로 나무를 들여다볼 때 껍질과 겨울눈을 함께 보는 습관을 들였다. 나무에 푹 빠져서 다니다 보니 주위에 생태를 공부하는 사람들도 자연스레 알게 되었다. 야생동물, 수서곤충, 풀꽃을 보는 사람들하고 숲을 다니고 세미나도 열었다. 세미나를 하면서 나무에 관한 정리가 하나씩 자리를 잡기 시작했다.

그렇게 나무를 배우며 숲하고 함께 살아갔다. 나무 공부를 하다 보니 기록이 필요하다는 사실을 절실히 느꼈다. 그래서 디지털 카메라를 구해 나무껍질과 겨울눈을 찍으며 산을 다녔다.

어느 날 초등학교 4학년이 된 아들이 사진을 찍어 달라고 했다. 무심코 대답했다.

"안 돼. 이 카메라는 나무 찍는 용이야."

평소에도 나무만 보고 놀아 주지 않는다며 툴툴거리던 아들은 단단히 삐쳤고, 아내는 좀 찍어 주지 그러냐며 핀잔을 줬다. 그렇지만 나는 여전히 카메라를 들고 나무만 찍는다.

나무를 알아 가면서 인생도 바뀌어 갔다. 나무 생태를 배우면서 인간의 시선이 아니라 나무와 숲의 시선으로 나무하고 숲을 바라보게 됐다. 사람들은 나무를 좋은 나무와 나쁜 나무로 쉽게 나눈다. 예를 들어 층층나무에는 '숲의 무법자'라는 표현이 자연스럽게 따라붙는다. 가지를 넓게 펼쳐 햇빛을 독차지해서 밑에 자라는 작은 나무들을 성장하지 못하게 방해하기 때문이다. 그렇지만 숲에는 인간이 만든 법을 적용할 수 없다. 층층나무는 그저 주어진 환경과 조건에서 열심히 살아갈 뿐이다. 그런데도 인간은 층층나무를 무법자라 규정해 버린다.

숲은 사람들의 법이 아니라 생태계 질서에 따라 움직인다. 나무는 저마다 다른 방식으로 생존하며 각자 자리에서 소임을 다할 뿐이다. 그곳에 인간이 쓰는 잣대를 들이대는 순간 폭력이 된다. 자연이 우리에게 주는 가장 큰 가르침은 모든 생명이란 각자 자리에서 살아갈 이유가 있다는 사실 아닐까.

나는 오늘도 숲과 나무의 시선으로 나무를 만나고, 나무 이름을 부르며 숲을 걷는다.

뱀사골 느림보 소나무 — 느림보 이야기

"항상 외로울 때, 힘들 때, 위안을 해 주는 국립공원 북한산에 감사드립니다."

영화배우 유해진이 2014년 대종상영화제 남우조연상 수상 소감에서 한 말이다. 서울에서 태어나 서울이나 근교에서 학교를 나오고 직장을 다닌 나는 이 수상 소감에 무척 공감했다. 중고등학교 시절 봄 소풍이나 가을 소풍은 늘 경복궁, 북한산, 도봉산이었다. 북한산과 도봉산은 유해진뿐 아니라 많은 사람에게 익숙한 장소다. 산책하고 등산하며 일상을 털어놓는 곳이다.

처음 북한산에 오른 날, 드러난 나무뿌리와 단단한 흙길을 걸으며 어린 마음에도 나무에게 미안했다. 사람들에게 시달리는 나무한테 나까지 상처를 주는 듯해 죄책감이 들었다. 그 뒤로 산은 그저 '바라보는 곳'이 됐다. 키 큰 것은 나무이고 키 작은 것은 풀이라고 친구들에게 농담처럼 말했지만 사실 진담이었다. 생태계를 지키는 길은 가지 않고 밟지 않기라고 믿은 탓에 자연스럽게 '방구석 생태주의자'가 됐다.

도시 생활을 힘들어한 못난이와 아이를 먼저 남원으로 보냈다. 연고는 없지만 지리산이 가까워 선택한 곳이었다. 3년 가까이 주말부부로 지냈다. 나무를 좋아해서 하는 일이 경제적으로 도움이 되고 못난이가 그 일을 하면서 행복하다면 족하다고 여겼다.

직장을 정리하고 내려와서도 나는 여전히 나무를 멀찍이 바라보는 사람, 숨 쉬듯 감탄하는 못난이 옆에서 묵묵히 걷는 방구석 생태주의자였다. 그러다 지리산 둘레길에서 일하게 됐고 그곳에서 자연명 웃는산 선생님을 만났다. 자연명은 숲해설 하는 동료들끼리 서로 부르는 가명이다. 웃는산 선생님이랑 둘레길을 함께 걸으면서 처음으로 숲에 다니는 즐거움을 알았다. 가을이면 팔랑거리며 날아가는 단풍나무 씨앗, 물결처럼 흔들리는 물오리나무 잎, 느티나무외줄면충이 느티나무 이파리에 남긴 빈집, 붉은머리오목눈이 둥지, 매미가 벗은 투명한 허물, 요정처럼 아름다운 옥색을 띤 긴꼬리산누에나방……. 앞만 보고 걷던 길 위에 그렇게 많은 생명이 깃들어 있다는 사실을 비로소 알아차렸다. 다양함, 아름다움, 치열함이 해일처럼 밀려들었다.

여전히 아이는 찍지 않는 사진기를 든 못난이랑 함께 걷는 길 위에서 내 마음도 점점 풍성해지기 시작했다. 키가 크다고 꼭 나무는 아니었고, 키가 작다고 꼭 풀은 아니었다. 바나나와 인간은 유전 형질 66퍼센트를 공유한다. 어쩌면 나와 참나무, 먼지버섯, 제비꽃도 60퍼센트 가까운 유전 형질을 공유하고 있을지 모른다. 우리는 서로 이해하려 들면 얼마든지 닿을 수 있지만 외면하려 들면 한없이 멀어질 수도 있는 존재다. 그래서 나는 이름을 부른다. 나무든 풀꽃이든 이름 불러 주기는 마음을 여는 첫걸음이니까. 이름을 부르기 시작하면서 나는 숲속 생명의 일원이 됐다.

지리산국립공원 뱀사골 계곡을 지나가다 보면 물가에 홀로 서 있는 소나무가 있다. 나는 그 나무를 '느림보 소나무'라 부른다. 몇 년 전 남편 못난이가 내게 준 나무다. 집에 놀러 온 도시 사람들하고 계곡을 지날 때마다 나는 자랑한다.

"저 소나무는 내 소나무야! 신랑이 나한테 준 나무지."

어떤 이는 그래도 되느냐며 눈을 크게 뜨고, 어떤 이는 낭만적이라며 웃고, 또 어떤 이는 저렇게 험한 곳에 자라는 소나무를 주다니 애정이 식었냐고 농담을 던진다. 그 반응들이 재미있어 도시 사람들뿐 아니라 귀촌하고 만난 지인들에게도 이야기를 한다.

못난이와 나는 뭘 키우는 데 영 소질이 없다. 반려동물은 물론이고 화초도 마찬가지다. 처음 내려와 작은 밭을 빌려 들깨를 심었다. 농사짓는 어르신들과 먼저 귀농한 사람들이 모종을 심고 땅심을 받으면 잡초를 이겨내는 힘이 들깨가 가장 강하다며 추천했기 때문이다. 600평 밭에 들깨 모종을 심고 언니들에게 큰소리를 쳤다. 올가을 들기름과 들깨가루는 내가 책임지겠다며 말이다.

그해 우리는 쉬는 날이면 밭으로 나가 땀을 흘렸다. 얼굴은 벌겋게 익고, 목에 두른 수건은 땀에 절어 흥건했다. 그런데도 3분의 1도 김을 못 매고, 서툰 호미질에 손이 달달 떨려 집으로 돌아오기 일쑤였다. 빌린 밭은 논을 용도 변경한 곳이어서 물이 많아 가장자리에는 어린 버드나무가 자라고, 물을 좋아하는 고마리가 무성했다. 어여쁜 고마리를 잡초로 만나니 생명력이 무시무시했다. 친환경 제초제를 만들어 뿌리기도 했지만 바람에 날려 옆 밭 고구마잎을 태워 버려 막걸리를 사 들고 사과하러 간 적도 있다. 매주 밭을 매도 잡초를 이길 수 없었고, 그해 수확은 들기름 두어 병이 전부

밭에서 만나지만 않으면 어여쁜 고마리

였다. 언니들이 혀 차는 소리가 지금도 귀에 남아 있다.

그 뒤로 배추, 들깨 농사는 번번이 실패했다. 마당 한쪽 텃밭에서 양도 적고 질도 시원치 않게 키우는 몇 가지 채소 말고는 다시는 뭔가를 키울 생각조차 하지 않는다.

그래서일까. 뱀사골 느림보 소나무는 손대지 않아도 스스로 살아가는 모습 자체로 좋다. 2020년 54일 동안 비가 내릴 때, 나는 느림보 소나무가 무사한지 걱정했다. 비가 그친 뒤 찾아가 보니 줄기에는 돌에 부딪혀 생긴 상처가 군데군데 있었다. 돌에 맞으면서도 여전히 제자리를 지키고 있었다. 저절로 말이 튀어나왔다.

"애썼구나."

2011년 귀촌을 결심할 때는 어디서든 살 수 있다고 여겼다. 못난이와 아이만 좋다면 된다고 생각했다. 그렇지만 해가 갈수록 낯선 환경이 버거웠다. 친구와 형제가 있는 도시에서 멀리 떨어져 외롭기도 했다. 8~9년 동안 혼자라도 다시 도시로 돌아가야 하나 고민하며 지냈다.

뱀사골 계곡에 있는 느림보 소나무

느림보 소나무도 다른 나무 하나 없는 계곡가에 뿌리를 내릴 때, 어쩌면 나하고 같은 마음이었을까. 햇빛만 있으면 된다며 뿌리 내렸지만, 고난을 버텨내야 하는 삶이다. 다른 나무에 가리지 않고 온전히 받는 햇빛의 풍족함도 삶이고, 거센 물살에 쓸려와 부딪히는 돌도 삶이었다. 느림보와 느림보 소나무는 그렇게 삶을 살아내고 있다.

2025년 7월, 지리산에 많은 비가 내렸다. 비가 그친 뒤 지리산 둘레길을 점검하다 미끄러져 6주간 깁스하게 되었다. 사실 주말에는 느림보 소나무를 보러 갈 생각이었지만, 무거운 깁스하고 함께 그 계획도 주저앉고 말았다. 걸음이 회복되면 다시 꼭 찾아가 인사할 것이다.

"안녕, 느림보 소나무."

군대 생활을 운전병으로 보냈다. 어려 보이는 외모 때문에 자대 배치를 받자마자 1호차 운전병으로 낙점되었다. '군대는 줄'이라는 말이 있었다. 1990년대에는 운전면허가 없어도 줄만 맞으면 운전병이 되던 시절이었다. 나도 면허증이 없었지만 논산에서 훈련을 마친 뒤 강원도 야전 수송교육대로 배치돼 기초 교육을 받았다. 자대에 배치되자 곧바로 1호차 운전병 조수가 됐다.

그때부터 혹독한 운전 연습이 시작됐다. 얼차려도 욕도 원 없이 들었다. 연습 시간은 자존감이 무너지는 시간으로 공포와 두려움이 이어졌다.

국방부 시계는 거꾸로 매달아도 돌아간다고 했다. 공포와 두려움의 시간을 지나 큰 사고 없이 1호차를 운전하고 전역했다. 그 시간을 지나며 알게 되었다. 운전은 눈으로 귀로, 몸으로 배우는 일이라는 사실을. 다른 사람이 하는 모습을 보고, 말을 듣고, 직접 운전하며 익힌다. 그러나 무엇보다 중요한 것은 마음이었다. 두려움에 굳은 마음으로는 몸이 제대로 움직이지 않는다. 운전이 마음먹은 대로 될 리가 없다. 운전의 시작은 편안한 마음이라는 사실을 그때 배웠다.

나무를 대하는 일도 다르지 않다. 다른 사람이 나무를 보는 모습을 보고, 이야기를 듣고, 숲으로 들어가 오감으로 익힌다. 그러나 여기에도 먼저 마음이 필요하다. 나무가 사람과 다르지 않은 존재임을 알고 조심스럽게 다가서야 한다.

예를 들어 사람들은 잎을 살피려 초리를 거칠게 잡아당기거나 잎을 따서 본다. 그러나 초리를 당길 때는 조심해야 한다. 우리에게는 한 장의 잎이지만 그 안에 곤충이 머물 수 있다. 작은 생명이 놀라지 않게 해야 한다. 실제로 잎을 잡다 벌레를 만나는 경우도 적지 않다.

잎을 딸 때도 아무렇게나 뜯어서는 안 된다. 늦가을이 되면 잎은 스스로 떨어진다. 초리에서 잎이 떨어지는 자리를 '떨켜'라 하는데, 그 자리에는 치유 물질이 있어 상처가 바로 아문다. 잎을 따려면 그 자리에서 끊어내야 한다. 그래야 덜 아프다. 여기서 아픔이란 신경의 고통이 아니라 불필요한 에너지 소모를 뜻한다.

이렇듯 잎 하나를 보더라도 함께 사는 생명을 생각해야 한다. 나무 상처를 어루만지는 마음으로 다가설 때 비로소 진솔한 교감을 할 수 있다.

겨울,
나무를 만나다

지리산 성삼재에서 노고단 가는 길에 있는 층층나무

눈높이에서 나무 이름 부르기

2015년 설날, 성삼재에서 노고단으로 가는 길에 나무 친구를 만났다. 눈에 파묻혀 알아보기 어렵지만 자세히 살피면 잔가지 끝이 두 손으로 공손히 뭔가를 받들고 있는 듯한 모습이다. 층층나무가 지닌 특징이 잘 드러난다. 이렇게 나무마다 다른 특징을 알고 이름을 불러주는 일을 '동정同定'이라 한다.《표준국어대사전》은 동정을 '생물의 분류학상 소속이나 명칭을 바르게 정하는 일'이라고 정의하고 있다. 쉽게 말해 동정은 생물이 지닌 특징을 찾아 제 이름을 부르는 일이다.

이 장에서 다른 계절이 아닌 겨울에 나무를 동정하려는 이유가 있다. 보통 나무를 동정할 때는 꽃과 열매 같은 생식 기관을 먼저 본다. 다음으로 잎이나 잔가지를 참고한다. 그런데 꽃도 열매도 없고 잎마저 떨어진 겨울에는 나무를 어떻게 구별해야 할까.

잎이 진 12월부터 4월까지는 나뭇잎으로 구분을 할 수 없다. 무려 다섯 달이다. 겨울에 나무 보는 법을 모르면 그 시간을 까막눈으로 보내야 한다. 잎이 져도 나무는 여전히 제자리에 있고, 우리는 나무를 만나러 숲으로 들어간다. 그 시간을 그냥 흘려보내기에는 아쉬움이 많다. 잎이 없는 나무의 특징은 '아무것도 모르겠다'이다. 그래서 겨울나무는 아주 자세히 세심하게 살피고 들여다보아야 한다. 밑동에서 가지 끝까지 어느 하나도 소홀히 보면 안 된다. 그러다 보면 진지하게 나무에 다가서는 법을 알게 된다.

모든 것이 멈춘 듯한 계절에도 껍질은 살아있고, 봄을 기다리는 겨울눈은 생동감을 품고 있다. 이때 나는 사람들에게 나무하고 입맞춤을 권한다. 입을 맞추면 껍질이 주는 촉감을 배우게 된다. 내가 처음 입을 맞춘 나무는 노각나무이다. 껍질이 매끈한 나무인데, 처음 입술을 대는 순간 깜짝 놀랐다. 손으로 만지면 딱딱한 껍질이 입술로 마주하는 순간 너무나 부드러웠다. 스물셋, 첫 입맞춤이 생생하게 되살아나는 듯했다. 이 이야기를 하면서 입맞춤을 권하면 사람들은 쑥스러워하며 대부분 피하는데, 한두 분은 입맞춤한다. 그리고 그 부드러움이 주는 놀라움을 함께 느낀다. 손으로 만지는 껍질은 단단하고 거칠지만, 입술로 닿는 껍질은 놀라울 만큼 부드럽다. 아마도 내가 다가서는 방식으로 나무도 나에게 다가오기 때문이 아닌가 싶다. 사람이나 나무나, 우리가 거칠게 다가가면 거칠게 맞고, 부드럽게 다가가면 부드럽게 맞이한다.

다시 겨울나무로 돌아가 보자. 겨울에 나무를 알아볼 수 있으면 다른 계절에는 훨씬 쉽게 나무를 알아볼 수 있다. 나무껍질과 겨울눈은 사계절 내내 볼 수 있기 때문이다. 만일 잎으로 나무를 쉽게 구분할 수 있다면 남부지방에 사는 상록활엽수를 간단하게 알아볼 수 있어야 한다. 그렇지만 상록활엽수를 아무리 찬찬히 들여다보고 열심히 관찰해도 도저히 알아보지 못하는 갑갑함을 나무를 공부하는 사람들은 안다. 알듯 말듯하면서 깊은 혼란 속으로 빠져든다. 잎이 비슷하기 때문이다. 그래서 가시나무나 녹나무로 대표되는 상록활엽수도 껍질과 겨울눈을 함께 보면 훨씬 다가서기 쉽다. 게다가 깊은 숲속에서 높은 곳에 달린 나뭇잎은 관찰하기 어렵다. 그렇지만 껍질은 언제나 눈높이에 있다. 겨울나무를 공부하면 나무껍질과 생김새만으로도 대부분 이름을 불러줄 수 있다. 그래서 첫 장을 겨울나무로 시작하려고 한다.

겨울은 한 해를 마무리하는 계절이면서 새해를 시작하는 시간이다. 내 부모님 세대만 해도 겨울은 춥고 힘든 시간이었다. 겨울을 견뎌야만 봄을 맞이할 수 있었다. 혹독한 겨울을 넘기지 못하면 봄을 볼 수 없기에 겨우겨우 견딘다는 뜻으로 겨울이라 부른다. 그러나 현대를 살아가는 인간에게 겨울은 더는 견뎌야 하는 계절이 아니다. 겨울 하면 화이트 크리스마스, 털장갑과 목도리, 모락모락 김이 피어오르는 붕어빵을 떠올린다. 그렇지만 숲속 생명들은 여전히 천 년 전, 만 년 전하고 똑같은 겨울을 보낸다.

봄을 기다리며 겨울을 견디는 나무 친구들 이름을 제대로 부르려면 어떻게 해야 할까?

마음을 훔친 거제수나무

이름을 부르려면 먼저 이름을 알아야 한다. 이름이란 그저 호칭이 아니라 대상을 이해하고 다가서는 출발이다. 이름에는 생김새, 크기, 색깔, 생활 속 관계 등이 담겨 있다. 누군가 이름을 짓고 그 이름이 널리 쓰이려면 많은 사람이 동의해야 한다. 이름을 짓는 일은 단순한 명명이 아니라 관계 속에서 공감할 만한 특징을 찾아 부르는 행위다.

어릴 적 내 고향 제주도에서 개를 부르는 이름은 대부분 누렁이, 검둥이, 도꼬였다. '도그dog'를 제주도식으로 읽으면 도꼬였다. 우리 집도 마찬가지였다. 그 시절 개는 집을 지키는 가축이었고, 먹을거리가 부족하면 식량이 되기도 했다. 특별한 이름이 필요 없었다. 그렇지만 요즘 반려동물은 집마다 이름이 다 다르다. 사람들은 반려동물을 관찰하고 특징을 살피거나 사연을 담아 이름을 붙인다. 이름을 얻은 존재는 단순한 대상이 아니라 온기를 지닌 관계가 된다.

나무 이름을 알고 부르는 일도 반려동물 이름을 짓고 부르는 행위하고 똑같다. 자세히 들여다보고 서서히 길드는 과정이다. 자꾸 마주하다 보면 처음에는 모두 비슷하게 보이던 나무들이 차츰 저마다 다른 모습을 드러낸다. 차이를 알고, 이름을 부르고, 서로 길든다.

2011년 8월 29일, 이날을 나는 '나무 생일'로 부른다. 나무가 내게 하나의 존재로 다가온 날이다. 마천면 삼정마을에서 벽소령으로 오르는 길이었다. 붉은빛이 살짝 감도는 껍질이 옆으로 벗겨진 나무가 눈에 들어왔다. 껍질이 벗겨진 모습이 낯설고 신기했다. 발그레한 색깔도 무척 예뻤다. 한두 그루가 아니라 길을 걷는 내내 보였다. 이상하게 놀라움과 흥분이 가시지 않았다. 나무 이름이 정말 궁금해 동행한 이에게 물어보니 거제수나무라고 했다.

숲이나 나무를 보는 사람들은 저마다 나무 생일이 하루쯤 있어도 좋겠다는 생각을 해본다. 태어난 생일처럼 반려동물을 처음 들인 날처럼 소중하고 그 순간을 떠올리면 행복한 날 말이다. 그날을 시작으로 나무 세계에 본격적으로 발을 들여놓았다. 혼자서 하는 나무 공부의 시작이었다. 얼마 동안은 몇몇 특징 있는 나무를 빼고는 아는 나무가 거의 없었다. 그러다 겨울이 되면서, 11월부터 이듬해 4월까지 여섯 달 동안 매주 5일을 뱀사골에서 나무를 보며 지냈다. 내 나무 공부는 겨울나무에서 본격적으로 시작된 셈이었다.

잎이 무성한 가을에도 모르던 나무를 낙엽 지고 앙상해진 겨울에 알아볼 리 없었다. 답답한 마음에 숲해설가광주전남협회 인터넷 카페에 사진과 글을 올려 고민을 털어놓았다. 어떤 분이 댓글을 남겼다.

"자세히 보면 뭐든 다 다릅니다."

그 말이 외롭게 나무를 혼자 공부하던 내 마음에 깊이 꽂혔다. '그래, 뭐가 달라도 다를 거야.' 생각을 바꾸고 다시 나무를 바라봤다. 그러자 정말 다르게 보이기 시작했다. 잎이 없는 겨울나무는 더 자세히 들여다봐야 했다. 스승이 없어도 자세히 들여다보는 일만으로 나무를 알아갈 수 있다는 희망이 찾아왔다.

처음에는 일주일에 딱 두 그루씩 눈에 들어왔다. 길을 걷다 보면 어느 순간 나무 하나가 나를 부르는 듯 다가왔다. 그렇게 눈에 들어온 나무를 사진으로 찍고 집에 돌아와 도감을 뒤졌다. 처음부터 끝까지 무작정. 도감을 볼 줄 몰라서 무작정 한 장씩 넘기며 비교했다. 물을 사람도 없이, 맨땅에 헤딩하듯 하나씩 나무를 찾아갔다. 다음 날 그렇게 이름을 알게 된 나무를 다시 만나면 소리 내어 불렀다.

"거제수나무!"

"물푸레나무!"

나무 이름을 부르며 뱀사골을 혼자 걸었다.

이름을 알기 위해 걸음을 내딛다

인류는 600만 년 전 침팬지하고 공통 조상에서 갈라진 뒤 여러 호모 속을 거쳐 20만 년 전에 현생 인류에 이르렀다. 그중 19만 년은 혹독한 빙하기를 견디며 살아야 했다. 인류는 빙하기가 끝난 뒤 신석기, 청동기, 철기 시대를 거쳐 지금에 이르렀다.

학교에서 역사를 배울 때는 돌과 쇠붙이를 기준으로 삼아 구석기, 신석기, 청동기, 철기 시대를 나누지만, 모든 시대를 관통하며 인류하고 함께한 친구는 나무다. 사람들은 나무와 숲을 이용해 문명을 일궜고, 필요에 따라 나무를 사용하면서 이름을 붙였다. 이름은 대개 쓰임새에 맞게 정했다. 먹을 수 있는 나무는 먹을거리에 관련된 이름을, 도구로 쓰는 나무는 도구 이름을 따서 불렀다. 삶 속에서 맺은 관계를 그대로 따르는 이름 짓기였다.

나무 이름에는 한글과 한자가 뒤섞여 있다. 대체로 한글 이름은 선조들이 보이는 대로, 느끼는 대로, 쓰이는 대로 붙였다. 반면 한자 이름에는 의미나 감상이 많이 담겨 있었다.

쥐똥나무는 열매가 쥐똥하고 닮아서 붙은 이름이다. 먹을거리가 귀한 시절에 쥐와 사람은 식량을 놓고 경쟁했다. 작고 까맣고 동그란 쥐똥나무 열매가 쌀을 훔쳐 먹고 사라지는 미운 쥐가 곳간에 싸 놓은 똥을 닮아 이런 이름이 붙었다.

다래나무는 산에서 나는 열매 중 가장 달다고 해서 붙은 이름이고, 찔레나무는 자꾸 찔러서 붙은 이름이다. 출출할 때 찔레나

나그네의 길을 막는 길마가지

척촉에서 이름이 바뀐 철쭉

무 새순이나 찔레꽃을 따 먹으려고 가까이 다가가면 아무리 조심해도 날카로운 가시에 한두 번은 찔리게 마련이다. 어찌나 아픈지 지금도 그 기억이 생생하다. 찔레꽃은 향기도 아주 달콤하다. 향을 맡으려고 코를 들이대면 강한 향기가 훅 들어와 기침이 나기도 한다. 꽃이 피면 향이 코를 찌르고 다가가면 가시가 손을 찔러서 찔레나무다.

길 가는 나그네를 멈춰 세우는 나무도 있다. 겨울이 채 끝나기도 전에 꽃을 피우는 길마가지나무는 향기가 좋아 길을 가는 나그네들 발걸음을 붙잡는다. 향이 좋아 길을 막고, 노란 신발 신은 발레리나를 닮은 꽃이 아름다워 걸음을 멈추게 한다. 이렇게 유래를 알고 나무 이름을 부르면 어여쁜 시 한 편을 읊는 듯하다.

한자 이름은 주로 양반들이 붙였다. 글이 먼저 만들어지고 그 뒤에 말로 부르게 된 사례가 많다. 야광夜光나무는 봄에 흰 꽃이 흐드러지게 피어 어두운 밤에도 빛난다는 뜻에서 유래했다. 능소화凌霄化는 '하늘을 능멸하고 업신여긴다'는 뜻으로, 그만큼 아름답다는 의미를 담고 있다. 백성이 심으면 끌려가서 곤장을 맞는다고 해서 '양반꽃'으로 불리기도 했다.

철쭉나무는 '척촉나무'에서 바뀐 이름이다. '머뭇거릴 척躑'과 '머뭇거릴 촉躅'을 합한 '척촉'은 원래 '양척촉'에서 비롯된 말인데, 양이 철쭉 잎을 먹으면 비틀거리며 죽기 때문에 붙은 이름이다. 지리산 바래봉은 철쭉으로 유명하다. 1970년대 박정희 대통령이 면화 사업을 한다며 양을 들여와 방목하면서 어린나무와 풀이 뜯겨

산이 확 망가졌다. 그런데 철쭉은 독이 있어 양들이 먹지 못했기 때문에 바래봉에는 철쭉만 살아남았다. 철쭉은 독을 품어 양을 머뭇거리게 하고, 꽃이 아름다워 사람들을 머물게 하는 나무다.

이름을 안다는 건 관계를 시작하는 첫걸음이다. 왜 그런 이름이 붙었을까 하는 궁금증이 생기면 우리는 자연스럽게 그 나무를 자세히 들여다보게 된다. 이름을 알기 위해 다가가는 한 걸음 한 걸음이 나무와 내가 서로 길들이는 여정이 된다.

나무 보는 방법 일곱 가지

나무를 볼 때 어떻게 하면 잘 구분하고 이름을 찾을 수 있는지 구체적인 방법을 소개하려고 한다. 가장 먼저 나무를 전체적으로 바라보는 습관을 가져야 한다. 다음으로 크기, 가시와 덩굴, 잎, 껍질, 겨울눈 순으로 나무를 구별할 수 있다. 나무들을 사례로 하나하나 살펴보자.

첫째, 위아래 훑어보기

나무를 볼 때는 전체를 크게 바라보는 습관을 들여야 한다. 크기, 모양, 가지, 털, 겨울눈, 열매 흔적 등 전체를 찬찬히 살펴야 한다. 나무가 자라는 지역과 기후도 알아야 한다. 겨울에 만나는 나무뿐 아니라 봄, 여름, 가을에 만나는 나무도 같은 방식으로 다가가야 한다.

큰 나무를 관찰할 때는 눈높이에서 시작한다. 눈높이에서는 주로 줄기와 껍질이 보이니까 껍질 형태만 찬찬히 살펴도 여러 나무를 구분할 수 있다. 나무마다 껍질이 다르다지만 자세히 들여다봐야 하나씩 차이가 드러나기 시작한다. 그래서 껍질로 나무를 구분하려면 연습을 많이 해야 한다.

나무를 관찰할 때마다 이런 이야기를 한다.

"사람들은 우알(위아래)로 훑어보면 기분 나빠하지만, 나무는 우알(위아래)로 훑어봐야 합니다."

사람은 위아래로 훑어보면 기분이 나쁠 수 있다. 눈초리가 매서워지고 욕할지도 모른다. 그렇지만 나무는 다르다. 나무는 위아래로 훑어봐야 한다. 눈높이에서 껍질을 봐도 어떤 나무인지 모르겠다면 위아래와 좌우를 훑어보며 잔가지와 겨울눈을 꼼꼼히 살펴야 한다. 껍질을 보며 나무를 파악하고, 가지를 살펴보고, 잎을 보고, 꽃이나 열매를 찾는 순으로 관찰해야 한다. 잔가지를 볼 때 겨울눈을 확인하고 털이 있는지도 살펴야 한다.

어떤 사람들은 종종 한 부분만 보고 전체를 보지 못한다. 잔가지를 볼 때는 잔가지만 보고, 겨울눈을 볼 때는 겨울눈만 보고, 껍질을 볼 때는 껍질만 본다. 눈앞에 맹아지가 있어도 보지 못하고 목을 아프게 들어 올려서 가지만 보다가 포기하기도 한다. 맹아지는 나무가 잘리거나 바람에 넘어가면 줄기에서 싹이 움트는데 그때 새로 움트는 가지다. 나무를 바라볼 때 처음 시선은 눈높이의 껍질에서 시작하고 다음에 위아래로 훑어보는 습관이 몸에 배도록 연습하면 좋다.

다음으로 소거법을 써서 도감에서 찾는 법이다. 한국에 자생하는 나무는 430종이 넘는다. 잎이나 줄기, 겨울눈으로 바로 나무 이름을 찾기는 쉽지 않다. 그렇지만 소거법으로 제거하다 보면 확인할 목록이 절대적으로 줄어든다. 도감을 찾아볼 때 어긋나기이면 마주나는 나무를 뺀다. 가시가 있다면 가시 없는 나무를 빼고, 키가 작다면 큰키나무를 빼고, 덩굴이 아니라면 덩굴나무를 뺀다. 이렇게 불필요한 항목을 제거하고 남은 나무 부류를 도감에서 살펴보면 대부분 이름을 찾을 수 있다.

즉, 모르는 나무가 나오면 무슨 나무인지 찾아가는 것이 아니다. 나무를 관찰하면서 다른 것을 떨어내다 보면 찾는 이름에 비슷하게 다가선다. 이 방법은 나무를 자세히 관찰하는 데 많은 도움이 된다.

앞으로 설명을 차분히 따라오며 연습하다 보면 언젠가는 나만의 반려나무를 만날 수 있게 된다.

둘째, 크기와 나무초리로 확인하기

크기와 나무초리로 나무를 구분해 보자. 느티나무는 큰키나무이고 진달래는 작은키나무다. 작은키나무라고 해도 5미터가 훌쩍 넘는 경우가 많다. 사람을 기준으로 하면 엄청 커다랗지만, 큰키나무는 20~30미터나 된다.

'나무초리'를 아는 사람은 거의 없다. 눈초리, 회초리, 제비초리는 들어 봐도 나무초리는 낯설다. '초리'는 가느다란 끝부분을 뜻한다. 나무에서 얇고 가는 부분은 가지 끝에 달린 잔가지다. 그러니까 나무초리는 잔가지를 뜻하는 예쁜 우리말이다.

나무초리로 굴참나무와 황벽나무를 구분해 보자. 두 나무는 줄기나 껍질이 꽤 닮은꼴이다. 그래서 두 나무를 비교할 때 손으로 눌러보라고 한다. 굴참나무에 견줘 황벽나무는 껍질이 푹신한 느낌이 나기 때문이다. 그런데 나무를 배우는 초보자가 이런 느낌을 잡기가 쉽지 않다. 더구나 두 나무가 한곳에 있어 바로 비교할 수

굴참나무 껍질	황벽나무 껍질
어긋나기인 굴참나무	마주나기인 황벽나무

있으면 좋겠지만, 야생에서는 한 장소에서 두 나무를 만나는 일이 거의 없다. 그래서 따로따로 황벽나무 껍질만 눌러보거나 굴참나무 껍질만 눌러봐서는 뭐가 더 푹신한지 헷갈린다. 굴참나무 껍질도 손으로 누르면 조금 눌리기 때문이다.

그러나 나무초리는 다르다. 골이 깊은 껍질에 나무초리가 마주난 나무는 황벽나무다. 눈높이에서 껍질을 보고 굴참나무라고 생각하다가도 위아래로 훑어보다 마주나는 가지가 보이면 황벽나무다. 모든 참나무는 어긋나기라는 사실을 알면 껍질이 비슷해도 참나무 종류인 굴참나무와 참나무가 아닌 황벽나무를 쉽게 구별할 수 있다.

나무초리로 나무를 찾을 때 가장 기본적으로 알아야 하는 것이 있다. 바로 '나무초리의 굵기는 나뭇잎 크기에 비례한다'는 것이다. 모든 나무는 개체마다 조금씩 차이가 있지만 하나의 커다란 흐름이 있다. 이런 흐름은 수학이나 물리 공식처럼 외워두면 좋다. 한국에서 잎이 가장 큰 나무는 오동나무이다. 따라서 오동나무 초리는 듬성듬성하고 시원하게 보인다. 작은 잎을 가진 느티나무는 초리가 얇은데 많은 잎을 달기 위해 겨울눈이 많아야 해서 자잘하게 보인다.

물론 나뭇잎과 초리의 관계도 예외는 있다. 생물학은 예외의 학문이니까. 바로 뽕나무이다. 뽕나무는 잎이 비교적 큰 편인데도 엄청 많은 잎을 달고 있다. 그래서 잎이 없는 겨울철에 만나는 뽕나무는 자잘한 것을 넘어서 파마머리처럼 보인다. 옛말에 '뽕도 따

| 때죽나무 껍질 | 쪽동백나무 껍질 |
| 때죽나무 초리 | 쪽동백나무 초리 |

고, 입도 보고’라는 말이 있다. ‘도랑치고, 가재 잡고’처럼 한 가지 일을 하면서 뜻밖에 좋은 일이 따라온다는 뜻이다. 뽕나무 밭에 뽕을 따러 들어가면 큰 잎이 무성해 밖에서는 잘 보이지 않는다. 덕분에 데이트를 즐길 수 있는 여건이 자연스레 만들어진다.

나무초리와 잎의 관계를 때죽나무와 쪽동백나무로 비교해 보자. 나무껍질은 비슷하지만, 때죽나무 잎은 아기 손바닥보다 작고 쪽동백나무 잎은 아이 얼굴만 하다. 나뭇잎을 품고 있는 겨울눈도 크기가 다르다. 때죽나무는 자잘한 겨울눈이 촘촘히 붙어 있고 쪽동백나무는 큰 겨울눈이 듬성듬성 보인다.

셋째, 가시와 잎의 변화

다음으로 가시와 덩굴로 나무를 구분해 보자.

식물은 뿌리, 줄기, 잎, 꽃 등 한정된 자원으로 자연에서 영양분을 얻고 포식자에 대항하며 자손을 남겨야 한다. 그래서 새로운 구성 요소를 만들기부다는 이미 있는 자원을 활용하는 방법으로 진화를 거듭해 가시를 만들었다.

가시 있는 나무를 정확히 구분하려면 잎, 껍질, 줄기 중에 무엇이 변해서 된 가시인지를 알아야 한다. 잎이 변한 가시는 엽침葉針, 껍질이 변한 가시는 피침皮針, 나무초리 끝이 변해서 생긴 가시는 경침莖針으로 크게 나눠볼 수 있다.

초피나무 가시는 턱잎이 변한 엽침이다. 턱잎은 잎자루 밑 부분에 붙어 있는 작은 잎으로 보통 한 쌍이며 어린 눈이나 잎을 보호

턱잎이 변한 초피나무 가시

껍질이 변한 산초나무 가시

줄기가 변한 참갈매나무 가시

하는 기능을 한다. 초피나무 가시는 겨울눈에서 잎이 나오는 마디에서만 난다. 아까시나무 가시도 마찬가지로 마디에서만 쌍으로 난다.

산초나무 가시는 껍질이 변한 피침이다. 껍질이 있는 곳이면 줄기나 가지를 가리지 않고 어디서든 돋아난다. 봄에 돋아나는 새순을 먹는 두릅나무와 엄나무, 장미의 야생종인 찔레나무도 피침이 난다.

참갈매나무 가시는 나무초리 끝이 변해서 생긴 경침이다. 가지가 변한 만큼 매우 단단하다. 탱자나무도 가지가 변한 단단한 가시 덕분에 별다른 노력을 하지 않아도 도둑을 막을 수 있어서 울타리로 자주 심었다. 탱자탱자해도 가시가 무서워서 접근이 어렵기 때문이다.

그런데 어떤 사람들은 잎과 향기가 비슷한 초피나무와 산초나무를 쉽게 구분하려고 가시가 산만하게 나면 산초나무이고 마주나면 초피나무라고 기억한다. 그렇지만 이 방법은 구분을 쉽게 하기 위한 편법이지 생물학적으로 옳은 방법은 아니다. 어긋나기와 마주나기는 잎과 가지가 달리는 방식일 뿐 가시하고 관계가 없기 때문이다. 쌍으로 나오는 초피나무 가시를 언뜻 마주나기로 생각하는 일은 이해가 된다. 그렇지만 기본적인 원리는 정확하게 중심을 잡고 있어야 한다.

다음은 잎이 다양하게 변하는 식물들이다. 머루나 청미래덩굴은 옆에 있는 식물이나 지지대에 의지해서 올라간다. 이때 지지대

사위질빵을 잡고 오르는
청미래덩굴 덩굴손

잎이 변한 산수국 헛꽃

잎이 변한 밤톨 가시

를 잡는 작은 덩굴을 덩굴손이라고 하는데 이 덩굴손도 원래는 잎이다. 개다래는 잎이 하얗게 변해서 먼 곳에서 바라보면 마치 꽃같다. 산수국은 잎이 헛꽃으로 변해 꽃잎처럼 기능하고, 밤톨에 달린 가시도 열매를 보호하기 위해 잎이 변한 형태다.

생물학은 경계가 모호하다는 점이 가장 큰 매력이다. 수학이나 물리학은 계산할 수 있고 논리적으로 딱 떨어지게 설명이 가능하다. 생물학은 다르다. 계산과 법칙에 어긋나는 변이가 계속 일어나고, 변이가 환경에 맞으면 살아남는다. 같은 종이라도 환경에 따라 잎이나 줄기 모양이 달라지기도 하고, 싹 트는 시기와 열매 맺는 시기도 조금씩 차이를 둔다. 법칙이 흐트러지고 반칙이 난무한다. 환경에 적응하며 살아남으려는 이런 의지는 수학적으로 계산할 수 없다. 모든 생명은 살려는 욕망과 자손을 남기려는 열정으로 최선을 다해 살아간다. 진화하는 생명의 법칙이다. 그래서 어렵지만, 그래서 재미있다.

넷째, 겨울에도 잎 달고 있는 나무 기억하기

겨울이 되면 나무는 대부분 잎을 떨군다. 가을에 낙엽이 지고 겨울에 잎을 떨구는 이유는 잎을 떨구지 않으면 얼어붙은 물이 세포를 파괴해 겨울을 견디지 못하기 때문이다. 겨울에 잎을 떨구는 행위는 생존하는 데 중요한 의식인 셈이다. 그런데 몇몇 나무는 겨울에도 잎을 달고 있다.

나무초리에 떨어지지 않고 달린 채 말려서 오그라든 잎이 단풍

당단풍나무

감태나무

어린 졸참나무

잎을 닮은 모양이면 대개 당단풍나무이고, 말리지 않은 채 살아 있는 듯한 잎이 붙어 있다면 감태나무다. 어린 참나무도 잎을 달고 있고, 커다란 참나무에서 나온 맹아지도 대개 마찬가지다. 왜 몇몇 나무는 잎을 매단 채 겨울을 날까?

원인은 명확하지 않지만 두 가지 정도로 추론할 수 있다. 첫째, 동물이 겨울눈을 먹지 못하게 하려는 속셈이다. 겨울 산을 다니다 보면 어린나무 가지 끝에 달린 초리가 뜯긴 흔적을 자주 본다. 쓰러진 커다란 나무도 많이 뜯어 먹힌다. 이때 마른 나뭇잎이 붙어 있다면 어떨까? 숲속 동물은 색을 구분하지 못하기 때문에 건강한 잎과 병든 잎을 모양으로 판단한다. 겨울에 당단풍나무나 참나무 의 마른 잎이 뒤틀린 채 나무에 달려있으면 동물은 병든 잎으로 본다. 사람이 배가 아무리 고파도 상한 떡을 피하듯 숲속 동물도 이런 잎을 지나칠 가능성이 높다. 아주 배가 고프면 마른 잎이라도 먹겠지만, 열 번 먹을 상황이 아홉 번으로 줄기만 해도 한번은 먹히지 않고 겨울눈이 살아남는다. 이런 과정이 반복되면 겨울에도 잎을 달고 있는 나무가 그렇지 않은 나무보다 생존에 유리해진다. 실제로 당단풍나무, 감태나무, 참나무는 숲속 어디서든 잘 적응하며 잘 살아간다.

둘째, 겨울눈을 보온해 갑작스러운 추위에서 보호하려는 계획 이다. 차가운 바람이 불 때 사람이 목도리를 감고 장갑을 껴 체온을 유지하듯 나무도 겨울밤에 기온이 확 떨어지면 옆에 달린 잎자루가 바람을 막아 겨울눈이 얼지 못하게 한다. 이런 과정이 반복되

노루가 뜯어 먹은
쓰러진 층층나무 초리

누군가 뜯어 먹은
어린 들메나무

면서 생존에 유리하게 작용할 수 있다.

추운 겨울에도 나무에 달린 잎은 겨울을 버티려는 독특한 생존 방식을 보여 준다.

다섯째, 나무껍질 속 숨은그림찾기

나무껍질에서 숨은그림찾기를 할 수 있다. 대팻집나무는 숲에서 어렵지 않게 만날 수 있다. 껍질을 자세히 살피면 볼록볼록 튀어나온 부분이 보인다. 닭똥집 같기도 하고 모기 물린 자국을 손톱으로 누른 흔적 같기도 하다. 병꽃나무 껍질에는 뾰족하게 튀어나온 부분이 있다. 겉으로 보기에는 가시처럼 거칠고 날카로울 듯해도 손으로 만지면 부드럽다. 눈으로 보는 느낌과 손끝으로 전해지는 감촉이 달라서 새삼 놀랍다. 나도밤나무는 울릉도에만 자생하는 너도밤나무하고 이름이 비슷해 헷갈리기 쉽다. 식물 이름에 접두사로 '너도'나 '나도'가 붙으면 닮았다는 뜻이다. 나도밤나무는 잎이 밤나무를 닮아 붙은 이름이다. 껍질에는 낫으로 살짝 찍어 놓은 듯한 세로무늬가 있는데 어디까지나 주관적인 인상이다.

이렇게 비슷한 뭔가를 찾아보고 자기만 가지는 느낌을 떠올리다 보면 나무가 더 잘 눈에 들어오기 시작한다. 그러면서 나무를 보는 일이 점점 흥미로워지고, 숨은 그림을 발견한 듯 뿌듯해진다.

나무 동정이 어렵다고 하지만, 그리 어려운 일만은 아니다. 처음 개구리를 본 사람이 올챙이가 자라 개구리가 된다는 사실을 쉽게 상상할 수 있을까? 나뭇잎을 갉아 먹는 애벌레를 보고 날개가

대팻집나무 껍질

병꽃나무 껍질

나도밤나무 껍질

멋진 나비를 떠올릴 수 있을까? 나무는 사계절 내내 같은 껍질로 지낸다. 어린나무든 큰 나무든 꽃이나 열매가 없어도 겨울눈은 같다. 나무들은 모든 종마다 껍질이 다르고, 겨울눈이 다르고, 초리가 다르다. 우리는 그런 차이를 찾아내는 눈을 키우면 된다.

여섯째, 겨울눈으로 구분하기

이번은 겨울눈 차례로 나무를 구분하는 방법이다. 겨울눈은 돌려나기 몇 종을 빼면, 대부분 마주나기나 어긋나기 형태로 나온다. 봄에 겨울눈에서 움이 트면 가지와 잎, 꽃이 나온다. 그래서 겨울눈이 마주나기면 잎과 가지도 마주나기로, 겨울눈이 어긋나기면 잎과 가지도 어긋나기로 나온다. 처음 나무를 공부할 때 이 부분을 어려워하는 사람들도 있는데 마주나기와 어긋나기를 명확하게 이해해야 한다.

먼저 어긋나기 겨울눈이다. 겨울눈이 두 개씩 번갈아 가며 오른쪽과 왼쪽으로 어긋나게 달리는 나무들부터 살펴보자. 마치 오른발로 두 번, 왼발로 두 번 깽깽이걸음을 하는 모습이다. 짝자래나무는 잎이 한쪽에 두 장씩 짝을 지어 달린다고 해서 붙은 이름이다. '칙칙폭폭'이라고 말하는 사람들도 있다. 배롱나무도 겨울눈 차례가 같다. 배롱나무는 껍질을 보면 쉽게 알아볼 수 있는데 어린 배롱나무는 껍질이 벗겨지지 않아 알아보기 쉽지 않아서 겨울눈을 확인해야 한다. 까마귀베개와 상산나무도 그렇다. 상산나무는 중국 상산 지방에서 많이 자란다고 해서 붙은 이름인데, 강한 향기가

칙칙폭폭 어긋나기인
짝자래나무 겨울눈

마주나기인
누리장나무 겨울눈

비뚜름한
헛개나무 겨울눈

특징이다. 이 향기는 더덕 향과 비슷해서 더덕 향이 나는데 하면서 가다 보면 상산나무를 만날 때가 종종 있다. 까마귀베개는 까만색 열매가 베개를 닮아서 붙은 이름이다. 칙칙폭폭 겨울눈 차례를 기억하면 겨울에 짝자래나무, 배롱나무, 상산나무, 까마귀베개를 잘 알아볼 수 있다.

이번에는 마주나기 겨울눈이다. 마주나기는 가지를 사이에 두고 서로 마주 본다는 뜻이다. 누리장나무는 마주나기인데 첫 마디와 다음 마디의 각도가 거의 90도를 회전하며 한 칸씩 건너뛴 듯하다. 정면에서 보면 일정한 간격으로 정리가 잘된 느낌이다. 작은 겨울눈에 붉은빛이 감도는 진한 갈색을 품고 있는 점도 누리장나무의 매력이다.

가지에 비뚜름하게 자리해 얼굴 반쪽만 내민 듯한 겨울눈도 있다. 어긋나기 겨울눈을 가진 헛개나무인데 '술을 헛것으로 만든다'고 해서 붙은 이름이다.

중절모를 닮은 겨울눈도 있다. 숲에서 나는 열매 중 가장 달다고 해서 이름 붙은 다래덩굴이다. 다래 겨울눈을 처음 본 순간 생텍쥐페리가 쓴《어린 왕자》속 코끼리를 삼킨 보아 뱀이 떠올랐다. 볼록하게 튀어나온 부분은 겨울눈을 감싼 껍질이고 겨울눈은 그 속에 숨어 있다. 이렇게 눈에 보이지 않고 숨어 있는 겨울눈을 '은아隱芽'라고 한다. 다래덩굴, 쥐다래덩굴, 개다래덩굴, 섬다래덩굴, 양다래덩굴은 겨울눈이 모두 비슷하다. 겨울눈이 코끼리를 삼킨 보아 뱀처럼 보인다면 다래덩굴 종류다.

다래덩굴 겨울눈

개다래덩굴 하얀 심

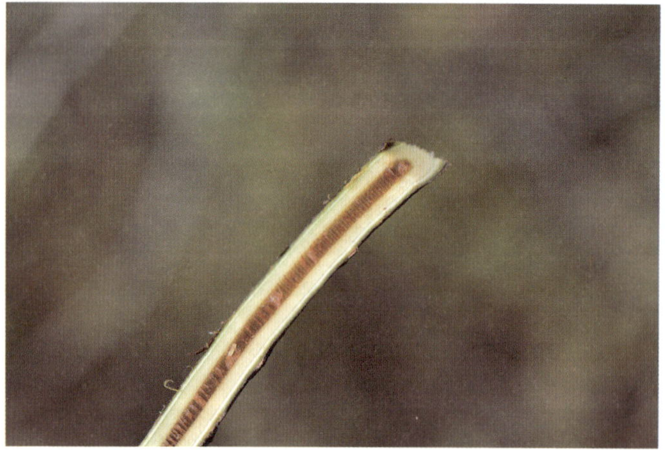

쥐다래덩굴 갈색 심

말이 나온 김에 다래 이야기를 더 해보자. 쥐다래와 개다래는 잎이나 열매가 없으면 구분하기 어렵다. 특히 잎은 꽃을 보조해 색이 변하는데, 개다래는 꽃이 필 즈음부터 흰색으로 변하고, 쥐다래는 꽃이 필 즈음에 흰색으로 바뀐 뒤 꽃이 피기 시작하면서 점차 붉은색으로 변한다. 색이 변한 잎은 열매가 익고 나면 차츰 초록색으로 돌아간다. 잎이 떨어지고 나면 줄기 속 단단한 부분인 수심樹心 색깔로 구분하는데, 하얀색이면 개다래이고 갈색이면 쥐다래다. 제주도나 남해안 섬에서 드물게 보이는 섬다래도 겨울눈으로 식별할 수 있다. 다래 종류에 속하는 모든 덩굴식물은 겨울눈이 코끼리를 삼킨 보아 뱀을 닮았으니까.

아, 양다래도 있다. 시장에서 파는 키위 말이다. 요즘은 숲에서도 지리산 둘레길에서도 자주 마주친다. 사람들이 간식으로 가져와 먹고 버린 씨앗이 자라 뿌리를 내린 듯하다. 등산객이 무심코 버린 음식물 쓰레기가 기후 변화랑 맞물리면서 외래종이 숲에 자리 잡는 사례를 보여 주고 있다.

일곱째, 기다리기

이런 방법으로 겨울나무를 아무리 잘 관찰해도 결국 동정에 실패할 때가 있다. 여름나무도 마찬가지다. 그럴 때면 나는 기다린다.

층층나무와 곰의말채나무가 다르게 보이기 시작하면서 어긋나기와 마주나기의 개념을 잡았다. 내가 얼마나 나무에 무지했는지 알 수 있었다. 노린재나무와 고광나무(얇은잎고광나무인데 고광

노린재나무 껍질 │ 얇은잎고광나무 껍질

팥배나무 겨울눈

나무라 부른다) 껍질의 차이도 오래 걸렸다. 문제는 팥배나무였다.

잎차례를 모르던 2011년 겨울, 뱀사골에서 층층나무와 곰의말채나무를 구분하려고 무려 석 달을 기다리기도 했다. 도무지 다른 점이 보이지 않았다. 매번 뭐가 다른지 궁금해하며 지나가던 어느 날, 어긋나기와 마주나기가 눈에 들어왔다. 석 달 동안 보이지 않던 차이가 갑자기 내 눈앞에 드러났다. 층층나무와 곰의말채나무는 층층나무과에 속하며 껍질이 아주 비슷하다. 그렇지만 잎차례를 보면 층층나무는 어긋나기이고 곰의말채나무는 마주나기다.

여섯 달이나 기다린 나무도 있다. 노린재나무와 고광나무였다. 지금은 두 나무가 껍질이 다르게 보이지만, 2011년 처음 만난 때는 정말 비슷해 보였다. 나무초리 보는 법을 몰랐기 때문이다. 나무초리를 볼 줄 알면 나무초리가 산만하게 뻗는 노린재나무와 벤젠 고리처럼 육각형을 닮은 고광나무를 헷갈리지 않을 수 있다.

그중에 팥배나무가 가장 힘들었다. 나무를 처음 보던 여름에는 팥배나무를 다른 나무들하고 구분하기 힘들었다. 나무를 잘 아는 사람은 여름에 독특한 잎을 보고 팥배나무를 쉽게 찾는다. 그렇지만 독학으로 나무를 알아 가는 내게는 쉽지 않았다. 그러던 어느 겨울날, 국립공원 차량을 몰고 뱀사골 입구를 지나 달궁 방향으로 가고 있었다. 길가에 처음 보는 나무가 눈에 들어왔다. 아마 여름에도 보았을 텐데, 처음 보는 나무처럼 다가왔다. 차를 길옆에 세우고 짐칸에 올라서서 겨울눈을 찍고 오랫동안 관찰했다. 약간 뾰족하면서 둥글었다. 저녁에 도감을 뒤졌다. 겨울나무 도감도 없을 때라 《한국의 나무》에 있는 겨울눈을 한 장 한 장 넘기며 찾았다. 눈알이 빠지는 느낌이었다. 그러다 드디어 사진과 똑같이 생긴 팥배나무를 찾았다. 어렵게 나무를 찾고 나니 흥분과 희열이 엄청났다. 매우 어려운 수학 문제를 푼 느낌이 이럴까 하는 생각도 했다. 결국 여름이 지나고 겨울이 돼서야 겨울눈으로 팥배나무를 알아냈다. 그날 내 눈과 머리에 팥배나무 겨울눈은 진하게 새겨졌다. 그 뒤로 어디서나 팥배나무는 어렵지 않게 찾아냈다.

이 모든 것은 잊지 않고 기억한 덕분이었다. 내가 잊으면 나무는 결코 자신을 드러내지 않는다. 조급하게 서두르다 보면 제풀에 지칠 수 있다. 매일 뱀사골로 들어갔다. 급할 일이 없었다. '도대체 뭐가 다르지?' 오늘도 그냥 바라보고 지나친다. 그렇게 시간이 흐르면서 하나둘씩 나무가 보이기 시작한다.

나무는 기다림을 가르쳐 준다. 잊지 않고 기다리면 언젠가 나무는 스스로 모습을 드러낸다.

숲해설을 하다 보면 어떻게 나무 공부를 하느냐는 질문을 가장 많이 받는다. 그럴 때마다 내 경험을 바탕으로 몇 가지 방법을 제안한다.

첫째는 도감을 처음부터 끝까지 넘겨보기다.

나무 이름은 낯설다. 그래서 이름에 익숙해져야겠다고 생각했다. 화장실에 갈 때마다 도감을 들고 갔고 처음부터 끝까지 이름만 보며 책장을 넘겼다. 가끔 아는 나무가 나오면 내용을 읽었지만 대부분 제목만 보고 넘겼다. 그런데 산에서 처음 보는 나무를 만났을 때 도감에서 본 기억이 떠오르며 이름을 부를 때가 있다. 이름만 보았을 뿐인데 어느새 머릿속에 나무가 자리 잡았다. 도감을 늘 가까이 두어야 한다. 손이 자주 가야 책장도 자주 넘길 수 있다.

둘째는 어린이용 생태 책 읽기다.

어린이용 책은 쉽다. 식물학 책에는 일본식 한자가 많아 어렵게 느껴질 때가 있다. 그러나 어린이용 책은 한자 용어를 풀어 설명한다. 그래서 짧은 시간에 여러 권을 읽을 수 있다. 어렵게 배워서 쉽게 정리할 필요도 있지만, 생소한 단어에 매달려 고통을 겪기보다 쉬운 책으로 접근하는 쪽이 더 효과적일 때도 있다. 나도 산내초등학교 도서관에 있는 생태 책을 거의 다 읽고, 지역 도서관들을 찾아 어린이 코너에 앉아 책을 읽었다.

셋째는 겨울에 나무를 공부하기다.

잎은 비슷하게 생긴 경우가 많다. 말이나 글로 구분하기는 쉽지 않다. 언어는 사람 사이 소통을 위해 만들어져서 식물을 설명하는 데는 한계가 있다. 잎이 달려 있으면 시선은 잎에 머물고, 비슷한 나뭇잎 앞에서 특징을 잡지 못해 헤매기 쉽다. 그러나 겨울에는 잎이 없다. 쉬운 조건이 사라지면 오히려 더 오래 더 꼼꼼히 보게 된다. 그때 껍질이 얼마나 다른지 알게 된다. 색은 비슷해도 갈라짐과 벗겨짐은 제각각이다. 나무초리의 겨울눈 배열, 비늘, 가시, 털, 떨켜 흔적은 구분에 큰 도움이 된다. 겨울에는 나무 가까이에서 있는 시간이 늘어난다. 가까이 있는 시간만큼 서로 가까워진다. 껍질과 초리로 나무를 익히면, 잎이 돋는 계절에는 훨씬 수월해진다. 잎이 헷갈리면 줄기와 초리를 보면 되기 때문이다.

넷째는 반드시 다시 확인하기다.

현장에서 이름을 알아도 집에 가서 도감을 다시 보라고 말한다. 확실한 마무리를 위해서다. 이름을 알았다고 끝이 아니다. 다른 사람들이 어떤 특징을 찾았는지 어떻게 표현하는지 도감을 보고 비교해야 비로소 자기 것이 된다.

다섯째는 한 장소를 정해 반복하기다.

나는 뱀사골에 여섯 달 동안 한 주에 5일을 다니며 기본을 잡았다. 한 장소를 정해 반복하면 아는 것을 정확히 알게 된다. 정확히 알면 모르는 것이 눈에 들어온다. 나무를 보는 방법이 몸에 익으면 처음 만나는 나무 앞에서도 어디를 봐야 할지 보인다. 사진을 찍고 기록해 도감과 비교하면 이름을 찾는 일이 어렵지 않다.

여섯 달이 지나 처음 다른 지역으로 갔을 때 '정말 내가 알아볼 수 있을까?' 하는 의심이 있었다. 두려움과 설렘을 안고 나무를 보았는데, 보였다. 영화 〈올드보이〉에서 주인공이 오랫동안 상상 훈련을 한 결과 실제 싸움에서 실력을 발휘하듯이 반복한 시간이 결국 눈을 열어 주었다.

이 모든 방법을 한꺼번에 실천하기는 어렵다. 한두 가지라도 가능한 것부터 시작하면 된다. 할 수 있는 만큼 하면서 나무에 다가서면 된다.

참나무

숲과 산을 지키는 대표 나무

기억 속 참나무

참나무에 얽힌 첫 기억은 장수풍뎅이나 사슴벌레를 잡으려고 상처 난 나무를 뒤지던 때부터 시작한다. 딱히 누가 가르쳐 준 적 없는데도 그런 곤충이 자주 오는 나무를 알고 있었다. 협죽도에 독이 있다는 사실도, 먹을 수 있는 열매인지 아닌지 따로 배운 적은 없지만 형이나 누나를 따라다니며 자연스레 알게 됐다.

장수풍뎅이나 사슴벌레는 아이들 사이에서 특히 인기가 있었다. 가장 먼저 찾아낸 아이 어깨는 저절로 으쓱해졌다. 여름이면 멋진 곤충을 찾아 상처 입은 참나무들을 살피고 다녔다. 잡은 곤충을 싸움 붙이며 놀기도 했는데, 잘못 다루다가 물리기도 한다. 이때 집게가 커다란 수놈은 두 손으로 집게를 하나씩 잡아서 벌리면 어렵지 않게 빠져나올 수 있다. 문제는 암놈이다. 암놈은 집게는 작아도 독기가 있어서 한번 물면 좀처럼 빠져나올 수 없었다. 실수로 암컷에게 물리면 침을 많이 뱉어 숨을 쉬지 못하게 해야 한다. 그래야 집게를 푼다. 암컷은 작지만 무서워서 조심해야 했다.

아이가 커가면서 집에서 장수풍뎅이를 키운 적이 있었다. 그때는 마트에서도 쉽게 구할 수 있었고, 우리도 생태에 지식이 없던 때라 아이에게 추억을 만들어 준다는 생각으로 별 거부감 없이 사 왔다. 젤리처럼 생긴 먹이도 같이 사 왔는데 손이 가기 쉬운 텔레비전 옆에 놓아두었다. 하루는 처남이 놀러 왔다. 배가 출출했던지 집으로 들어오면서 '저희 왔어요' 하더니 바로 젤리를 집어 들고 입으로 털어 넣었다. 순식간에 일어난 일이라 이제 무슨 일이지? 하는 순간 이미 젤리는 뱃속으로 들어가 버렸다. 장수풍뎅이 먹이를 먹었다면서 우리는 놀렸고, 처남은 웩웩거렸다.

달리기 시합도 했다. 그냥 두면 잘 움직이지 않지만, 엉덩이 쪽 날개 끝을 손톱으로 살살 긁어 주면 앞으로 나아간다. 누가 잡은 곤충이 더 빠른지 겨뤘다. 그렇게 놀다 보면 한낮 볕도 잊었다. 어느새 총싸움이나 땅따먹기, 오징어 게임으로 놀이가 바뀌었고 하루는 늘 짧았다.

또 하나 또렷한 기억은 고등학교 1학년 때 아버지를 따라 한라산 중턱까지 올라간 일이다. '초기'는 제주말로 버섯을 뜻하고, '초기밭'은 표고버섯을 재배하는 밭이다. 서귀포 돈내코계곡 쪽에서 한라산을 바라보면, 중턱쯤에 커다란 바위가 하나 서 있고, 사람들은 그 바위를 '선돌'이라 불렀다.

그 높은 곳까지 이어지는 산길은 가도 가도 끝이 없었다. 마침내 도착한 산속에는 표고를 키우는 밭이 펼쳐져 있었다. 아버지는 초기밭을 일구던 사람에게 표고버섯 키우는 법을 배워 오셨다. 집으로 돌아온 뒤 아버지와 나는 참나무에 둥근 홈을 파고, 그 안에 종균을 넣은 다음, 하얀 스펀지처럼 생긴 것으로 구멍을 막는 일을 했다. 도끼처럼 생긴 도구로 홈을 팠다. 그때는 그 나무가 참나무라는 사실을 몰랐다. 그저 아버지를 따라 힘겹게 산에 올랐고, 내려와서는 '표고를 키우는 일'을 했다는 기억만 남아 있다.

나중에 나무에 관심을 가지면서 참나무는 쉽게 만날 수 있는 나무이지만 제대로 이름을 부르기는 까다로운 나무라는 사실을 알게 됐다. 졸참나무와 갈참나무는 헷갈렸고 자주 만나기 어려운 떡갈나무도 알아보기 쉽지 않았다. 밤나무와 굴참나무, 상수리나무도 마찬가지였다. 이름을 알아보려고 고개를 갸웃거리며 나무 앞에 서 있던 시간이 많았다.

그러던 어느 날 갑자기 눈에 들어왔다. 정말로, 어느 순간 갑자기 여섯 가지 참나무와 밤나무가 또렷이 다르게 보이기 시작했다. 말로 설명할 수는 없지만, 어느 한 계단을 조용히 넘은 듯한 순간이었다.

참나무라는 이름

이번 시간 제목은 '참나무'이다. 그런데 참나무는 실제로 존재하는 나무가 아니다. 참나무 가족에 속하는 나무들은 열매가 도토리인데 바로 이 도토리가 있는 나무를 모두 참나무라고 부른다. 참나무는 도토리나무인 셈이다.

이처럼 식물 이름에 '참'이 접두사로 들어가는 경우가 많은데, 상반되는 접두사로는 '개'가 들어있는 경우가 많다. 이때 '참'이 들어가면 사람들에게 이롭거나 먹을 수 있다는 의미다. 반대로 '개'가 들어가면 닮았는데 다른 것, 즉 가짜이거나 사람이 먹을 수 없는 것에 주로 사용한다. 예를 들어서 배고픈 시절에 따 먹던 진달래는 사람이 먹을 수 있어 '참꽃'이라 불렀고, 진달래하고 닮았지만 독이 있어 먹을 수 없던 철쭉은 '개꽃'이라 불렀다.

옛날에는 참나무를 가리키는 한자로 '참나무 력櫟'을 사용하기도 했다. 이 한자는 나무 목木과 즐거울 락樂이 합쳐져 '나무가 즐겁다'는 뜻을 담고 있다. 사람들에게 베어져 여러 용도로 쓰이는 나무가 왜 즐겁다고 사람들은 생각했을까.

한국에서는 참나무를 열심히 베어다 썼다. 배를 만들고, 숯도 만들고, 표고를 키우고, 장작, 물레방아 굴대 등 단단한 나무가 필요한 곳에서 참나무는 없어서는 안 될 자원이었다. 그러나 중국이나 일본에서는 참나무가 너무 단단해 다루기 어렵다는 이유로 다른 나무를 더 많이 사용했다. 참나무가 베어지지 않고 자연 그대로 남아 있었기 때문에, 사람들이 참나무는 즐거울 거라고 여겨 중국에서 참나무 력櫟이라는 글자가 생긴 듯하다.

참나무를 부르는 또 다른 한자로 '참나무 상橡'이 있다. 이 글자는 나무 목木과 코끼리 상象을 결합한 형태로 상수리나무 상, 참나무 상으로 사용된다. 코끼리는 불교에서 신성한 동물로 여겨지며, 삼국시대에 불교문화와 함께 들어온 글자로 여겨진다. 신성한 동물을 상징하는 코끼리하고 참나무가 결합하면서 참나무는 '신성한 나무'라는 의미를 지니게 됐다.

참나무는 오랜 세월 이 땅에서 사람들하고 함께해 온 나무로, 이름마다 저마다 유래가 담겨 있다. 굴참나무는 골이 깊게 패여서, 신갈나무는 짚신 깔창으로 적당한 잎 모양에서 이름이 유래했다. 갈참나무는 껍질이 벗겨지는 모습에서 '빨리 껍질을 갈아라'는 뜻으로, 떡갈나무는 항균 성분이 있어 떡을 싸거나 찌는 데 사용하면서 이름이 붙었다. 졸참나무는 참나무 중 잎과 도토리가 가장 작아 '졸병 참나무'라는 뜻이다.

상수리나무는 유래가 좀 더 복잡하다. 임진왜란 때 선조가 피난을 떠나는 길에 도토리가 수라상에 올랐다는 이야기에서 유래했다는데 역사적 근거는 없다. 조선왕조실록에서 '도토리'를 검색하면 상소문에 '상실橡實'이라는 단어가 나온다. 조선시대 상소문은 한자로 작성했기 때문에 상실은 도토리를 뜻하는 한자다. 예를 들어 흉년이 들었을 때 '상실을 따서 저장하라'는 명령을 내려 주십시오'라는 상소문이 기록돼 있다. 이렇게 도토리를 가리키는 한자어

'상실'에 접미사 '이'가 붙어 '상실이나무'라 불리다가 상수리나무로 변했다고 본다.

다음으로 '잎이 지지 않는 참나무'라고 부르는 가시나무 이름은 어디에서 비롯했는지 알아보자.

가시나무는 두 가지 어원이 있다. 첫째는 '가서목哥舒木'이다. 가서목은 임금이 행차할 때 맨 앞에서 깃발을 드는 장대다. 가서목을 만드는 나무에서 '가서목'이라 불리다가 발음이 변해 '가시목', '가시나무'라 불리게 됐다고 한다.

둘째 설은 제주 사람들의 애환을 담고 있다. 제주도는 화산섬으로 물 빠짐이 좋아 논농사가 어렵다. 큰비가 내려도 물은 금세 땅으로 스며들어 사라지기 때문에, 육지에서 논에 고인 물을 처음 보았을 때 '정말로 땅에 물이 고여 있네' 하며 무척 신기해한 기억이 있다. 논에 물이 있는 것을 책으로는 배웠지만 눈으로 보니 정말 놀라웠다. 비가 내리는 모습도 놀라웠다. 바람이 많은 제주에서 비는 동에서 서로, 아니면 서에서 동으로 휘몰아치듯 내린다. 그런데 육지에서 비는 하늘에서 땅으로 곱게 떨어졌다. 얌전하게 내리는 비가 신기했다.

벼농사가 어려운 제주에서는 특산물이 공물로 바쳐졌고, 섬을 떠나는 일조차 금지돼 있었다. 늘 굶주림에 시달리던 제주 사람들에게 도토리는 배고픔을 달래 주는 소중한 식량이었고, 그래서 '배고픔을 가시게 해 주는 나무'라는 뜻으로 가시나무라고 이름이 붙었다고 한다.

도토리 이름도 알아보자. 참나무에 열리는 도토리는 돼지가 먹는 열매라는 뜻이다. 돼지는 원래 이름이 '돗'이다. 새끼 돼지를 뜻하는 '돗아지'가 시간이 흐르며 '도야지'에서 '돼지'가 되었다. '토리'는 '실을 둥글게 말아 놓은 뭉치'를 뜻한다. 실타래를 가리키는 사투리인 '실토리'라는 말도 있다. 도토리는 '돗이 먹는 동그란 것'이다. 돗토리가 시대를 지나며 도토리가 되었다. 도토리는 돼지만이 아니라 사람에게도 중요한 구황식물이었다. 그래서 마을 뒷산에는 도토리를 빨리 맺고 열매가 큰 상수리나무를 일부러 심었다.

먹을 것이 풍부하지 않던 옛날에 견과류는 단백질과 지방 등 중요한 영양소를 가진 식재료였다. 이 땅에서 나는 대표적인 견과류가 열리는 나무는 밤나무나 가래나무인데 야생에서는 쉽게 만나기 어렵다. 특히 가래나무는 호두나무에 밀려 인가 주변에서 자취를 감췄고, 밤나무는 대부분 주인이 있어 함부로 밤을 가져갈 수 없었다. 도토리는 산에서 누구나 쉽게 만날 수 있는 열매였다.

나무껍질에 골이 깊은 굴참나무는 산 전체에서 자란다

나무껍질에 골이 얕은 상수리나무는 마을 가까운 곳에서 자란다

참나무 여섯 형제

참나무과 참나무속에는 겨울에 잎이 지는 참나무 6종과 겨울에도 잎이 지지 않는 가시나무 5종이 있다. 참나무 6형제는 상수리나무, 굴참나무, 신갈나무, 떡갈나무, 갈참나무, 졸참나무다. 가시나무 5형제는 붉가시나무, 참가시나무, 종가시나무, 가시나무, 개가시나무다.

나무 공부를 하는 사람들은 참나무 종류를 구분할 때 어려워한다. 생긴 모습이 비슷해 구분하기 쉽지 않은데, 어디서나 흔히 만날 수 있는 나무들이라 모른 체할 수도 없다. 그래서 숲으로 갓 입문하는 이들은 상당히 애를 먹는다.

나무는 잎으로 구분하는 방법이 가장 쉽다. 그러나 잎은 서로 비슷한 경우가 많다. 특히 같은 과에 속한 나무는 잎만으로 구별하기 어렵다. 그래서 잎과 더불어 다른 특징으로 나무를 구분하는 법도 알아야 한다.

먼저 잎으로 구분해 보고, 다음으로 잎이 없을 때는 어떻게 찾는지 알아보자. 아직 잎이 달린 계절에 나뭇잎으로 참나무 6형제를 구분하는 방법을 소개하려고 한다. 종류마다 공통점과 차이점이 있어 2형제씩 비교하고 대조하면 더 쉽게 분류할 수 있다.

첫째 짝은 상수리나무와 굴참나무다. 공통점은 잎이 좁고 잎자루가 길다. 차이점은 잎 뒷면 색깔이다. 상수리나무는 잎의 앞뒷면 색이 비슷하다. 굴참나무는 잎 앞면은 초록색, 뒷면은 하얀 털이 많아 밝게 보인다. '굴속은 어두우니 밝은 색이 필요하다'고 연상하면 외우기 쉽다.

둘째 짝은 신갈나무와 떡갈나무다. 공통점은 잎자루를 뒤집어서 봐야 겨우 확인할 정도로 잎자루가 아주 짧다. 차이점은 털이다. 신갈나무는 털이 거의 없지만, 떡갈나무는 잎 뒷면과 잔가지에 털이 많다.

셋째 짝은 갈참나무와 졸참나무다. 공통점은 잎자루가 있다. 차이점은 잎 크기와 톱니다. 잎 크기는 차이가 커서 구분이 비교적 쉽다. 만약 한 나무에서 큰 잎과 작은 잎이 동시에 나타나면 톱니를 확인하면 된다. 톱니가 둥글면 갈참나무, 뾰족하면 졸참나무다.

그렇다면 이제 잎이 없는 겨울철에 동정하는 방법이다. 1장에서 나온 대로 겨울눈, 잔가지, 껍질, 열매를 참고해야 한다. 잎하고 달리 껍질은 짝이 조금 다르다. 굴참나무하고 상수리나무, 신갈나무하고 졸참나무, 떡갈나무하고 갈참나무가 서로 비슷하다.

첫째 짝은 굴참나무와 상수리나무다. 공통점은 껍질이 비슷하다는 점이다. 차이점은 골과 서식지다. 굴참나무는 상수리나무보다 골이 더 깊게 파여 있다. 굴참나무는 산 전체 어디서나 자라지만 상수리나무는 주로 마을 가까운 곳에서 자란다. 바닥에 떨어진 잎을 보면 뒷면은 밝은 색 털이 있으면 굴참나무이고, 앞뒷면이 같은 갈색이면 상수리나무다.

둘째 짝은 신갈나무와 졸참나무다. 공통점은 껍질이 빗살무늬 모양으로 갈라지고, 껍질이 벗겨지지는 않는다는 점이다. 차이점은 사는 곳이다. 신갈나무는 주로 높은 지역에 자란다. 지리산에서는 해발 700미터보다 높은 곳에서 볼 수 있다. 졸참나무는 대체로 해발고도가 낮은 지역에서 산다. 해발 700미터 언저리에서는 두 나무가 함께 보이기도 한다. 이때는 껍질만으로 구분이 어렵기 때문에 겨울눈과 나무초리를 관찰해 구별할 수 있다.

잎이 크면 나무초리도 굵다고 했다. 신갈나무는 졸참나무보다 잎이 크고 나무초리가 굵고, 겨울눈도 크다. 다만 겨울눈은 워낙 작아서 처음에는 그 차이가 미세하게 느껴질 수 있다. 그러나 자주 관찰하다 보면 두 나무의 겨울눈 크기 차이가 점점 더 뚜렷하게 보인다.

초리의 굵기는 두 나무가 나란히 있는 사진으로 비교할 수 있다. 사진처럼 나무초리의 굵기는 차이가 크다. 왼쪽 신갈나무는 잎이 큰 만큼 초리가 굵다. 오른쪽 졸참나무는 잎이 작은 만큼 초리가 얇다. 이런 차이를 알면 신갈나무와 졸참나무를 따로 만나도 구분하는데 어렵지는 않게 된다.

셋째 짝은 떡갈나무와 갈참나무다. 공통점은 껍질 생김새다. 껍질이 세로로 길게 갈라지고, 갈라진 껍질이 벗겨진다. 차이점은 나무초리에 있는 털이다. 떡갈나무는 나무초리에 털이 많지만, 갈참나무는 털이 거의 없다.

요약하자면, 잎으로 구분할 때 굴참나무와 상수리나무는 잎 뒷면에 털이 있느냐 없느냐로, 신갈나무와 떡갈나무는 나무초리하고 잎 뒷면의 털 유무로, 갈참나무하고 졸참나무는 잎의 크기하고

신갈나무 껍질 | 졸참나무 껍질

신갈나무(왼쪽)와 졸참나무(오른쪽)

톱니의 모양을 기준으로 알아볼 수 있다.

잎이 없을 때는 굴참나무와 상수리나무는 껍질의 골이 얼마나 깊게 파였는지로, 신갈나무와 졸참나무는 나무초리의 굵기하고 겨울눈 크기로, 떡갈나무와 갈참나무는 나무초리에 털이 있느냐 없느냐로 나뉜다.

이 내용을 달달 외우기만 해서는 부족하다. 현장에서 나무를 직접 보고 자주 관찰하며 경험을 쌓아야 한다. 결국 답은 숲속 현장에 있다.

떡갈나무 잔가지

갈참나무 잔가지

따뜻한 남쪽에서 자라는 가시나무 5형제

이번에는 가시나무 종류를 구분하려고 한다. 가시나무 종류는 따뜻한 지역에서 자라기 때문에 남부 지방에 자생한다. 그렇지만 자주 보이는 나무가 아니어서 처음 볼 때 한눈에 알아보기가 무척 어렵다. 가시나무 5형제 중에서 가시나무는 정원수나 가로수로 심어진 경우가 많지만, 숲에서 자생하는 나무를 직접 본 적은 없다. 제주도 곶자왈 여러 곳을 돌아다니며 찾으려 했지만 직접 만나지 못했다. 곶자왈은 숲을 뜻하는 '곶'과 나무랑 덩굴, 커다란 돌이 뒤섞인 곳을 뜻하는 '자왈'을 합친 말로 아열대식물, 난대, 온대식물이 공존하는 독특한 숲이다.

다행히 가시나무 종류는 겨울에도 잎이 떨어지지 않아 잎을 통해 나무를 구별할 수 있다. 그러나 비슷한 나뭇잎이 많아서 나뭇잎만으로는 구분이 어려울 때가 있다. 이때 겨울눈과 껍질의 벗겨짐을 참고하면 의외로 쉽게 접근할 수 있다.

첫째, 붉가시나무는 잎에 톱니가 없다. 붉가시나무를 제외한 모든 가시나무 종류는 톱니가 있다. 잎은 햇빛에 반짝반짝 빛나고 억세 보이지만, 톱니가 없어 쉽게 알아볼 수 있다. 오래된 나무껍질은 불규칙하게 벗겨지는 특징이 있다. 붉가시나무하고 참가시나무는 2년 차에 도토리가 익는다.

다음으로 개가시나무와 가시나무를 살펴보자. 개가시나무는 잎에 톱니가 있고, 날렵하고 작다. 나뭇잎 뒷면과 나무초리에 털

참가시나무 잎과 겨울눈

종가시나무 잎과 겨울눈

이 아주 많다. 멸종위기 2급으로 쉽게 만날 수는 없지만, 발견한다면 뽀얀 털 덕분에 어렵지 않게 알아볼 수 있다. 오래된 나무의 껍질은 붉가시나무처럼 불규칙하게 벗겨진다. 가시나무는 잎에 톱니가 있고, 날렵하고 작으며, 잎 뒷면은 청백색을 띤다. 뒷면이 청백색이라 앞뒷면이 비슷하게 보이기도 한다. 주로 정원수나 가로수로 심겨 있다. 종가시나무도 가로수로 많이 식재되는데, 날렵하고 작은 잎을 가진 가시나무하고 비교하면 잎이 넓어 구분하기 어렵지 않다.

참가시나무와 종가시나무를 비교해 보자. 참가시나무는 종가시나무보다 대체로 잎이 좁고 톱니가 뾰쪽하다. 반면 종가시나무는 잎이 넓고 톱니가 덜 뾰족한 편이다. 두 나무는 잎으로 구분할 수는 있지만, 간혹 참가시나무하고 잎이 비슷한 종가시나무가 있어 혼란스러울 때가 있다. 이럴 때는 겨울눈을 보면 된다. 참가시나무 겨울눈은 털이 있어 마치 붓글씨를 마무리할 때 붓을 살짝 들어 올린 듯한 모습이다. 이 모습은 청설모 귀나 시라소니 귀를 연상시키는 독특한 느낌을 준다. 반면 종가시나무 겨울눈에는 털이 없으며 손으로 살짝 눌러 놓은 듯 짜리몽땅한 모양이 종을 닮았다.

가시나무 종류를 비롯해 난대수종을 공부하려면 곶자왈로 들어가야 간다. 나는 겨울이면 난대수종을 공부하려는 숲해설가를 모집해서 제주도로 내려간다. 이름 있는 곶자왈도 가지만, 내가 어릴 적 놀았던 내창이랑 이승악오름도 간다. 이곳에는 참나무과에 구실잣밤나무속인 구실잣밤나무가 있다. 제주도사람들은 구실잣밤나무를 재밤낭이나 조밤낭으로 불렀다. 열매인 구실잣밤은 재밤이라고 불렀다. 재밤은 잣하고 닮았고 밤 맛이 나서 겨우내 간식거리였다. 재밤을 따러 동네 친구들이 모여서 내창이나 이승악오름으로 갔다. 재밤을 따러 나무에 오를 때는 굵기가 팔뚝만 한 가지라도 조심해야 한다. 재밤낭은 약해 쉽게 부러지기 때문이다. 적당한 자리에서 열매가 달린 나뭇가지를 톱으로 자르면 밑에서 아이들이 열매를 따서 가방에 담는다. 집으로 가져온 재밤은 삶아도 먹고, 구워도 먹고, 프라이팬에 튀겨도 먹었다. 물론 생으로 먹어도 맛이 좋았다. 그렇게 여러 가지 방법으로 먹는 것도 놀이 중 하나였다.

곶자왈 가는 길은 열매를 따러 가는 길만은 아니었다. 초가지붕에 올릴 새(지붕을 이는 풀)를 베러 가는 길이기도 했고, 용돈을 벌기 위해 지네 잡으러 가는 길이기도 했다. 지네는 이승악오름까지 이어진 마을 목장에서 주로 잡았다. 제주도에는 돌이 아주 많은데 돌을 골괭이(호미)로 뒤집다 보면 지네가 나온다. 이때 지네 머리를 골괭이로 꾹 누른 다음에 엄지와 검지로 머리를 잡는다. 지네가 수많은 다리로 손을 감쌀 때의 감촉은 야리꾸리하고 이상했다. 그래도 돈을 버는 일이라 잘 참았다. 왼손으로 머리를 잡은 채 오른손 엄지와 검지 손톱으로 독이빨을 잘라내고, 가지고 온 주머니에 넣은 다음 입구를 싸맨다. 그러다 실수로 지네에게 물리면 손가락을 타고 독이 퍼지는 느낌이 꼭 번개가 친 다음에 불빛이 땅으로 갈라지면서 내려오는 듯했다. 민간요법이지만 꿀벌에 쏘인 손에 오줌을 바르면 통증이 조금 가라앉았다. 혹시 지네에도 효과가 있을까 해 보지만, 아픔은 줄지 않는다. 무지 아팠다. 이렇게 잡아서 작은 지네는 5원, 큰 지네는 10원에 동네 상점에 팔았다. 한번 나가면 많게는 500원, 작게는 200~300원을 벌었다. 그때는 아주 큰 돈이었다.

지금 곶자왈은 사람들하고 함께 나무를 보러 가는 곳이지만, 어린 날에는 용돈도 벌고 친구들하고 뛰어다니던 놀이터였다.

참나무순꽃혹벌혹

상수리나무줄기가시털혹벌혹

다람쥐와 도토리 ─ 참나무에 깃들어 사는 생명들

참나무에는 수많은 곤충이 깃들어 살아가지만, 그중에서도 벌레집이 가장 눈에 잘 띈다. 특히 참나무순꽃혹벌혹처럼 이름에 '참나무'가 들어있는 벌레집은 대부분 참나무에서 볼 수 있다. 상수리나무줄기가시털혹벌혹처럼 식물 이름이 특정된 경우는 그 나무에서 처음 관찰되거나 자주 관찰되는 경우라고 한다. 또한 굴참나무잎혹벌혹, 신갈나무잎혹파리혹 등 다양한 벌레집이 참나무에 깃들어 있다고 한다.

혹벌이나 잎벌은 모두 이름 그대로 벌의 일종이다. 보통 벌이라고 하면 꿀벌이나 말벌을 떠올리지만, 혹벌이나 기생벌처럼 잘 알려지지 않은 벌들도 참나무하고 깊은 관계를 맺고 있다. 벌뿐만 아니라 파리, 응애, 진딧물도 여러 종류가 참나무에 의지해 살아간다.

영국에서 한 조사에 따르면, 참나무에는 무려 곤충 423종이 서식한다고 한다. 이 곤충들을 먹이로 삼는 포식자들, 다시 그 포식자를 먹는 상위 포식자들이 자연스럽게 참나무를 중심으로 모여든다. 참나무는 수많은 생명에게 중요한 보금자리라 할 수 있다.

다람쥐, 반달가슴곰, 도토리거위벌레하고 얽힌 몇 가지 재미있는 도토리 이야기를 소개하려고 한다. 사진은 도토리가 뿌리를 내린 모습으로 2014년 10월에 촬영했다. 가을에 떨어진 도토리는 온도, 습도가 적절하면 곧바로 뿌리를 내린다. 이렇게 뿌리를 내린 채 겨울을 보내고 이듬해 봄에 싹을 틔운다.

10월에 뿌리내린 도토리

다람쥐, 청설모, 어치 같은 동물은 도토리를 저장해 뒀다가 겨우내 먹는다. 애써 물어다가 여기저기 묻어 두었는데 도토리가 뿌리를 내리면 양분이 소모돼 다람쥐에게는 손해다. 그래서 다람쥐는 도토리를 저장할 때 씨눈이 생기는 자리를 이빨로 살짝 깨물어 상처를 낸다.

씨눈에 상처가 생기면 싹을 틔우기 어렵다. 애써 만든 열매가 제구실을 못 하면 유전자를 후대에 남기는 데 어려울 수밖에 없다. 참나무도 다람쥐 공격에 대응해야 한다. 다람쥐의 전략에 맞서 참나무는 씨눈 자리를 조금씩 옮기는 방식으로 대응한다. 우리는 흔히 다람쥐가 어디에 묻어 뒀는지 잊어 버려서 먹지 못한 도토리에서 싹이 튼다고 알고 있지만, 사실은 더 많은 양분을 확보하려는 다람쥐와 자손을 멀리 보내면서도 안전하게 싹을 틔워 번식하려는 참나무 사이에서 치열한 두뇌(?) 싸움이 벌어지고 있다. 조너선 실버타운이 쓴《씨앗의 자연사》에도 나오지만 도토리에게서 조금이라도 양분을 더 얻으려는 다람쥐하고 줄 것은 주더라도 너무 많은 열매를 빼앗기지 않으려는 참나무 사이에 격렬한 생존 투쟁 이야기는 매우 흥미롭다.

숲해설을 하면서 만난 어르신들은 어릴 적 다람쥐를 잡던 이야기를 들려준다. 장대 끝에 나일론 줄로 올가미를 만들어 다람쥐가 다니는 구멍에 설치해 두는데, 호기심 많은 다람쥐가 그 동그란 올가미를 앞발로 잡고 올가미에 목을 집어넣을 때 줄을 당겨 다람쥐를 잡았다고 한다. 쳇바퀴 도는 일을 좋아하는 다람쥐가 동그란 물체에 거부감이 없어 올무에 쉽게 걸린다고 생각했단다. 항아리를 이용한 방법도 있었다. 다람쥐가 나드는 담벼락 밑에 항아리를 두고 그 안에 견과류를 넣어 두면, 견과류를 먹으러 항아리 안으로 들어간 다람쥐는 항아리 벽이 미끄러워서 다시 나오지 못한다.

이런 이야기가 나오면 모두 귀를 기울인다. 나이가 많다고 누구나 다 겪어 본 일이 아니고 열에 한두 사람만 아는 추억이라 모두 집중하는 분위기가 된다.

이야기가 무르익으면 나는 1960~1970년대에 다람쥐를 수출했다는 이야기를 꺼내며 다람쥐를 팔아 본 적 있냐고 물어보기도 했다. 대부분 잡기만 했지 팔지는 않았다고 한다. 나는 산 가까이 사는 어르신들을 만날 때마다 다람쥐 이야기를 꺼내고 집요하게 묻는다. 그러다 남원시에서 다람쥐를 팔아 봤다는 어른을 만났다. 뇌졸중을 겪은 뒤 거동이 불편하고 혀가 잘 움직이지 않았는데도 손가락 다섯 개를 펴 보였다.

"50원이요?"

내가 묻자 어르신은 고개를 끄덕였다.

숲해설을 하다 보면 내가 하는 이야기보다 내가 듣는 이야기가 더 풍성할 때가 있다. 생태에 관한 지식에 삶이 담긴 이야기가 곁들여질 때 비로소 진짜 숲해설이 되는 듯하다.

다람쥐 잡는 이야기로 분위기가 무르익자, 어르신은 말을 이어 간다.

"다람쥐는 마누라가 여럿인 거 아나?"

일부다처제인 동물들이 많기는 하지만 다람쥐도 그럴까? 궁금해질 즈음 어르신은 덧붙인다.

"다람쥐는 여름엔 눈 밝은 마누라하고 살고, 겨울엔 눈 어두운 마누라하고 살지."

모두 눈이 동그래지고 귀가 쫑긋해진다.

"여름에는 눈 밝은 마누라가 도토리하고 밤을 많이 모아 두고, 겨울엔 눈 어두운 마누라가 도토리하고 밤을 구분 못하니까, 다람쥐가 맛없는 도토리는 마누라한테 주고, 자기는 맛있는 밤을 먹지. 마누라는 도토리를 먹으며 '씨공씨공', 다람쥐는 밤을 먹으며 '달공달공' 소리를 내지."

그래서 겨우내 다람쥐 굴에서는 '씨공달공 씨공달공' 하는 소리가 들린다는 이야기다.

요즘 시각에서 보면 성차별적으로 들릴 수도 있지만, 오래전 어르신들 사이에 전해지던 이야기라는 점을 이해해야 한다. 요즘은 눈 밝으 각시 다람쥐가 눈 어두운 신랑 다람쥐를 만나 '달공달공'은 마누라가, '씨공씨공'은 신랑이 하며 겨울을 날지도 모를 일이다.

반달가슴곰이 먹을 도토리 수확량을 측정하는 도토리 트랩

'산에서 열매를 함부로 따지 마세요'

국립공원공단 종복원기술원에서 내가 하는 일은 곰을 추적하는 일이었다. 곰을 추적하려면 등산로를 따라서 걷다가 곰의 몸에 부착된 발신기가 보내는 신호를 따라가야 한다. 사람이 다니는 길이 아니라 곰과 야생동물이 걷는 길이다. 조릿대를 헤치며 나가기도 하고, 너덜을 타고 넘기도 한다. 장비를 짊어지고 손에는 안테나와 수신기를 들고 곰을 따라 걷는 길은 위험하고 힘들기도 하지만 온전하게 야생을 느낄 수 있는 매력적인 경험이다. 곰을 추적하는 일에는 겨울철 곰이 생존에 필요한 먹이가 충분한지 확인할 목적으로 도토리 결실량을 조사하는 일도 들어간다. 그래서 도토리 트랩을 설치한다. 도토리 트랩은 한 면이 1제곱미터이고, 한 장소에 다섯 개씩 설치한다. 대략 해발 1000미터 정도인 신갈나무가 사는 높은 산에 설치한다. 트랩이 설치된 곳도 등산로가 아니라 곰을 추적하듯이 길이 아닌 곳을 좌표를 보고 찾아가야 하는 험한 길이다.

지리산 참나무 군락지 전역에 트랩을 설치하고, 가을이 되면 도토리가 얼마나 달렸는지 조사해서 기록한다. 반달가슴곰이 동면에 들어가기 전에 지방층을 늘리는 데 도토리가 매우 중요한 영양원이 되기 때문이다. 그러나 곰이 도토리를 먹는 이유는 단순히 겨울잠을 위한 에너지 보충만은 아니다.

곰은 번식 과정이 다른 포유류하고 다르다. 짝짓기는 초여름

즈음에 한다. 암컷은 새끼를 보살피며 데리고 다니다가 두 해 정도 자라면 독립시킨다. 그때 말고는 단독생활을 한다. 암컷 곰은 수컷보다 활동 영역이 좁다. 골짜기 한 곳에 자리를 잡으면 여간해서는 그곳을 벗어나지 않는다. 수컷은 암컷보다 활동 영역이 넓다.

한번은 골짜기마다 있던 곰들이 뒤죽박죽 뒤섞이고 사라진 일이 있었다. 나중에 확인해 보니 천왕봉 근처에 있던 커다란 수컷 곰이 반야봉 근처까지 하룻밤 만에 이동한 것이었다. 커다란 수컷이 오자 작은 곰들이 모두 숨거나 능선을 넘어 산청군과 구례군 쪽으로 몸을 피한 것이다. 그것은 지리산이 들썩이며 요동치는 느낌이었다. 산이 정말 살아 움직이는 듯했다. 이 짜릿한 경험을 떠올리면 지금도 전율이 돋는다.

어느 날 갑자기 덩치가 큰 수컷 곰이 암컷 근처에 나타난다. 첫날은 '독립생활을 하는 녀석이 왜 붙어 있지?' 하고 궁금해진다. 그러다 하루이틀이 지나면 짝짓기하러 온 것을 알게 된다. 수컷이 쫓아다닌다고 암컷이 넙죽 받아 주지 않는다. 한 번 받아들이면 임신부터 새끼를 기르는 일까지 모두 암컷 몫이 된다. 그래서 암컷은 신중하게 수컷을 고른다. 그 시간 동안 수컷은 일정한 거리를 두고 암컷 주변을 맴돈다. 대략 스무 날은 넘게 따라다니는 듯했다. 그러던 어느 날 암컷 곰 위치 신호는 확인되는데 수컷 곰 신호가 잡히지 않는다.

"어라 안 잡히네."

"했네, 했어."

우리끼리 한마디씩 한다. 암컷은 골짜기에 그대로 있고 수컷은 어디론가 훌쩍 떠나 버렸다.

어렵게 짝짓기를 하지만 바로 임신이 되지 않는다. 곰은 '착상 지연'이라는 생리적 과정을 거치며 11월 말이나 12월경 동면에 들어간 뒤에야 임신하고 태아가 자라기 시작한다. 동면 전에 충분한 먹이를 섭취하지 못하면, 짝짓기를 하더라도 임신하지 못한다. 동면 중에 태아가 자랄 수 있게 영양을 공급하고, 출산한 뒤 젖도 먹이려면 많은 영양소가 필요하기 때문이다. 가을에 충분히 먹이를 먹지 못하면 새끼뿐 아니라 어미 곰도 생존이 위험하다. 따라서 먹이가 부족할 때 임신을 포기하는 일은 생존을 위한 필연적인 선택이다.

반달가슴곰뿐 아니라 지리산에는 도토리를 주된 먹이로 삼는 다양한 동물들이 살아간다. 이 동물들이 살아 있어야 삵, 담비, 맹금류 같은 상위 포식자도 생태계 안에서 제 구실을 다할 수 있다. 그런데 사람들이 열매를 무분별하게 채취하면 이 먹이사슬이 무너지고 야생동물의 생존과 번식에 큰 피해를 줄 수 있다.

'산에서 열매를 함부로 따지 마세요'라는 현수막이 곳곳에 걸려 있다. 자연 보호를 호소하는 캠페인이 아니라 산속 모든 생명이 함께 살아갈 수 있는 기본적인 약속이다.

도토리거위벌레가 알을 낳은 흔적

덜 익은 도토리에 낳은 알

7, 8월 한여름 숲 바닥은 요란하다. 도토리가 나무초리에서 이파리를 단 채 숲 바닥 곳곳에 떨어져 있다. 잘린 가지는 얼핏 보면 가위로 자른 듯하지만 자세히 들여다보면 그렇지 않다. 숲속에 무언가 일이 벌어지고 있다.

도토리를 꼼꼼히 들여다보면, 구멍이 뚫렸다가 메워진 듯한 작은 흔적을 발견할 수 있다. 이것은 도토리거위벌레가 나무꼭대기에서 도토리에 알을 낳은 뒤 땅으로 떨어트린 도토리에서 보인다.

도토리거위벌레는 크기가 약 1센티미터에 지나지 않는 작은 벌레다. 긴 주둥이로 도토리에 구멍을 뚫는데, 단면을 잘라보면 구멍 입구는 좁고 내부는 넓은 호리병 모양으로 되어 있다. 국립생태원은 도토리거위벌레의 이 독특한 구멍 구조를 연구해 입구는 좁고 내부가 넓은 구멍을 만들 수 있는 드릴을 개발했다고 한다.

도토리거위벌레는 구멍 깊숙이 알을 낳은 뒤, 나뭇잎 몇 장이 붙어 있는 잔가지를 잘라 땅에 떨어트린다. 이 일에 서너 시간이 걸린다. 나뭇잎이 붙어 있는 이유는 도토리만 떨어질 경우 충격으로 알이 손상될 수 있기 때문이다. 잎은 낙하산처럼 충격을 줄여주는 역할을 한다.

한여름인 7, 8월에는 도토리가 아직 여물지 않아 양분이 부족하고 맛도 덜하다. 그런데도 도토리거위벌레가 덜 익은 도토리에 알을 낳는 이유는 다른 동물들이 찾지 않기 때문이다. 다 익은 도토리는 새 같은 작은 동물뿐만 아니라 곰, 멧돼지, 심지어 사람까지 노리기 때문에 위험 부담이 크다. 반면 덜 익은 도토리는 상대적으로 안전하다.

며칠 뒤, 알에서 깨어난 애벌레는 단단한 껍질 속에서 도토리 양분을 먹으며 자란다. 애벌레는 땅속으로 들어가 겨울을 나고 이듬해 5월이 되면 땅 위로 올라와 짝을 찾고 새로운 생명을 이어간다.

참나무와 초능력

　참나무 수업을 준비하면서 자료를 찾던 중 창녕 비봉리에서 도토리를 저장하던 구덩이가 발견됐다는 사실을 알게 되었다. 신문 기사로 처음 접한 순간 8000년 전 도토리가 썩지 않고 보존돼 있다는 사실에 무척 놀랐다. 신문 기사만으로 수업 시간에 이야기할 수는 없어 직접 찾아가 봤다. 어느 더운 여름날, 우포늪도 함께 둘러볼 요량으로 비봉리 패총 유물전시관으로 향했다.

　2002년 태풍 루사와 2003년 태풍 매미가 휩쓸고 간 자리에 배수장을 건설하던 중 약 8000년 전 신석기 시대 나무배, 패총, 도토리를 저장하던 구덩이가 발견됐다. 물이 드는 웅덩이를 파서 도토리와 가래나무 열매 등을 저장한 흔적이 남아 있었다. 물속에 도토리를 담가 떫은맛을 제거하고 식량으로 이용했다는 증거다. 비봉리 패총 유적지는 신석기인의 생활상을 엿볼 수 있는 매우 귀중한 자료로 평가된다.

　냉장고가 보급되기 전에도 밤 같은 견과류를 모래나 흙, 물에 저장하는 방식은 널리 쓰였다. 숲해설을 하는 동료는 어릴 적에 경기도 지역에서 살았는데 살얼음이 언 계곡물에 밤을 담가두었다고 한다. 물속은 산소 공급이 차단돼 밤벌레의 활동을 억제하는 효과가 있어 보관 방법으로 매우 유용했다.

　실제로 봄에 숲을 다니다 보면 계곡물 속에 들어있는 밤을 발견할 때가 있다. 겨울을 보낸 밤인데도 매우 싱싱하고 맛도 달큰하

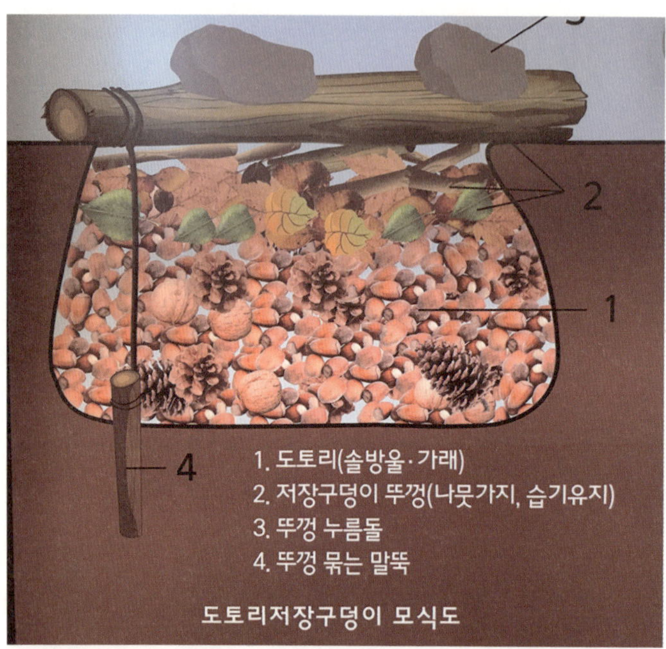

창녕 비봉리 패총 도토리저장 모식도

비오는 날, 아궁이 앞을 거니는 도롱뇽

니 그대로다. 8000년 전 선사시대 사람들의 지혜는 오늘날에도 여전히 유효하다. 문명이 우리를 자연에서 멀어지게 해도 자연은 여전히 우리가 잊고 있던 삶의 방식을 조용히 품고 있다. 숲해설가는 그 삶의 방식을 찾아 다시 자연 곁으로 이끄는 사람 아닐까 생각해 본다.

우리 집 아궁이는 비가 내리면 항상 물이 고인다. 온돌에 불을 지피려면 물을 퍼내야 한다. 그럴 때면 젖은 아궁이 앞을 도롱뇽이 슬금슬금 지나가기도 한다. 도롱뇽이 원래 살던 곳에 집을 지은 건지 아니면 사람이 지은 집에 도롱뇽이 들어와 사는 건지는 알 수 없지만 우리 가족은 도롱뇽하고 함께 살고 있다. 손으로 만지려고 하면 녀석은 죽은 척하며 꿈쩍도 않다가 내가 관심을 거두면 어느새 구석으로 사라져 버린다. 가을 저녁, 아궁이에서 녀석을 마주치면 언제나 반갑다.

아궁이에 불을 피운다고 하지만 사실은 불에게 먹이를 주고 있다. '불에게 먹이를 준다'는 표현은 신선하고 예쁘게 느껴진다. 칼 세이건이 쓴《코스모스》에 나오는 표현이다.《코스모스》에는 인류가 태초에 불을 어떻게 얻었는지에 관한 이야기가 담겨 있다.

불은 번개, 태풍, 물, 바람 같은 자연 현상 중 하나다. 이런 불을 이용할 줄 알게 되면서 인간은 자연 현상을 다룰 수 있는 강력한 능력을 갖게 됐다. 불을 다루기 시작한 인간은 마치 초능력을 지닌 존재처럼 변모했다.

불을 사용하면 재하고 숯이 남는다. 재는 거름이 되고, 숯은 아기가 태어날 때 금줄에 매달아 걸거나 장을 담글 때 들어가는 등 일상 생활 속에서 다양한 용도로 쓴다. 특히 숯은 청동기 시대와 철기 시대를 거치며 중요성이 더욱 커졌다. '숯'은 '신성한 힘'을 뜻하는 예쁜 우리말이다. 숯을 신성하게 여긴 이유는 철을 만들 수 있게 해 주기 때문이다.

나무를 직접 태운 불로 청동기 시대를 열었지만, 청동은 무기와 농기구로는 한계가 있었다. 숯으로 더 높은 열을 내게 되면서 단련시킨 철은 청동보다 훨씬 강하고 실용적이었다. 철로 만든 무기는 돌검이나 청동검을 잘라냈고 튼튼한 농기구로 다양한 농사일에 활용됐다.

철을 소유한 부족은 철이 없는 부족들을 지배할 수 있는 막강한 힘을 갖게 됐다. 식량이 부족하면 약탈했고, 노동력이 필요하면 노예를 잡아 왔다. 철의 등장은 도시국가로 발전하는 기반을 마련해 주었다.

이렇게 불을 다루는 기술에 더해 숯을 이용해 철을 생산하면서 인류는 또 하나의 초능력을 손에 넣은 셈이다. 철은 우리가 자연의 한계를 뛰어넘는 존재로 변모하게 했고 더 많은 발전을 급속하게 이끄는 시작이었다. 참나무는 인류에게 그런 힘을 안겨 주었다. 그러나 이런 힘 때문에 자연은 돌이킬 수 없는 상처를 입고 있는지도 모른다.

우리 집 아궁이에는 도롱뇽이, 참나무가 우거진 숲에는 겨우내 다람쥐들의 씨공달공 소리가 울린다. 그 숲 어딘가에는 인간의 손을 꽉 물고 놓지 않는 멋진 암컷 사슴벌레가 알을 낳는다.

그 시간들이, 그 생명들이 이어지는 세상이기를 소망한다.

조선 초기, 궁궐을 지을 때나 군함이나 배를 만들 때 사용하는 등 국가에서 필요한 나무를 확보하기 위해 사람들이 함부로 나무를 베지 못하도록 금산禁山을 지정하고 출입을 금지했다. 그러나 금산 제도가 점차 유명무실해지자 숙종 때 제도를 보완하고 정비해 봉산封山 제도를 만들었다. 특정 산을 지정해 나무를 보호하고 무단 벌목을 금지한 제도로 산림을 체계적으로 관리하려고 한 조치였다. 배를 만들 때 참나무가 중요했다. 그래서 참나무를 보호하고 관리하던 진목봉산이 있었다.

나무로 만든 군함 하면 이순신 장군의 거북선과 판옥선이 가장 먼저 떠오른다. 두 배는 단단한 소나무로 뼈대를 세우고 중요한 부위는 참나무로 보강해 충격을 견디도록 설계되었다. 임진왜란 때 우리 수군은 삼나무로 만든 왜군의 배를 들이받아 격침시키기도 했다.

참나무는 한국뿐 아니라 유럽에서도 군함을 만들 때 쓰였다. 스웨덴 해군과 참나무에 얽힌 흥미로운 이야기가 있다. 1980년 어느 날, 스웨덴 해군은 산림청에서 공문을 받는다. '배를 만들 나무가 다 자랐으니 베어 가십시오.' 뜻밖의 공문은 조사해 보니 150년 전인 1830년경 스웨덴 국회에서 논의된 계획의 결과였다. 1830년 경 스웨덴은 대양 해군을 육성하려고 했고, 오랜 세월 자란 참나무

2만여 그루가 필요했다. 정부는 참나무를 당장 심기로 결정했고, 150년이 지난 뒤 계획대로 해군에 알린 것이다. 이 참나무들은 베어지지 않았다. 계획하고 다르게 군함으로 제작되지 않았지만, 스웨덴이 자랑하는 아름다운 숲으로 남아 있다고 한다.

이 이야기는 제주 강정마을에 해군 기지가 들어설 때 변상욱 기자가 소개했다. 미래를 계획하고 준비하는 자세가 얼마나 중요한지 '백년지계'라는 말의 뜻을 다시 생각하게 해 준다. 당장 쓸 수 없어도 미래를 계획하고 준비하는 단단한 원칙이 필요하다. 시대에 뒤처진 우직함처럼 보일 수도 있지만 자연을 대하는 태도에는 그런 우직함이 필요하다.

소나무

기나긴 역사를 함께한 나무 친구

기나긴 역사를 함께한 나무 친구

벼랑에서 자라는 소나무

수리나무, **솔나무**, **소나무**

2011년 지리산 근처로 귀촌한 뒤 남원시에 있는 조선시대 정자 퇴수정에 앉아서 벼랑에서 살아가는 한 소나무를 봤다. 이 나무는 처음 본 그때나 지금이나 같은 모습이고 같은 크기다. 퇴수정 벼랑에서 살아가는 저 소나무가 키나 몸통을 키운다면 어떻게 될까?

바위틈이나 사막처럼 극한 환경에서 살아가는 식물들은 몸을 키우기보다 뿌리를 키운다. 겉으로는 평온해 보여도 뿌리는 사선을 넘나들고 있다. 바위 위에서 자라는 나무뿐 아니라 활엽수에 밀려 힘겹게 살아가는 소나무도 매한가지이다. 이렇듯 매일매일 전쟁을 겪는 소나무는 어떻게 살아남아 한국 사람이 가장 좋아하는 나무가 되었을까.

소나무는 마을 가까운 산, 깊은 산, 강가, 바닷가 어디에서나 볼 수 있다. 일하러 가는 길에도 있고 놀러 가는 길에도 애국가 가사에도 나온다. 극한 환경에서 살아가는 소나무가 우리 곁에 많은 이유, 이제 그 이야기를 시작해 보자.

소나무라는 이름은 원래 솔나무로 '솔방울이 달리는 나무'라는 뜻이다. '솔'은 최고나 우두머리를 의미하는 수리에서 비롯된 말이다. 많은 나무 중에서도 소나무가 으뜸이라는 의미를 지니게 된 데에는 그만한 이유가 있다.

소나무는 사람이 태어날 때부터 죽을 때까지 삶의 중요한 순간을 함께한다. 아기가 태어났을 때 금줄에 사용되고, 집을 지을 때는 기둥으로, 죽어 무덤에 들어갈 때는 관으로 쓰인다. 밥을 지을 때나 송편을 찔 때 솔잎을 이용하고, 소나무의 속껍질인 송기는 흉년에 구황식물로도 사용됐다.

소나무는 백성들의 삶에 깊이 연결된 소중한 나무였다. 이런 상징성 덕분에 '수리나무'라 불리다가 발음이 변해 '솔나무'가 되었고 '소나무'라는 이름으로 자리 잡았다.

소나무 형제들

현재 한반도에 자생하는 소나무속에는 곰솔, 소나무, 잣나무, 눈잣나무, 섬잣나무가 있다. 이 나무들을 사는 곳이나 잎의 개수, 생김새로 구분해 보려고 한다.

소나무와 곰솔은 잎이 두 개씩 나오고, 잣나무와 눈잣나무, 섬잣나무는 잎이 다섯 개씩 나온다. 참고로 외국에서 들어온 리기다소나무, 테다소나무, 리기테다소나무, 대왕소나무 등은 잎이 세 개씩 나온다.

곰솔은 줄기 색이 검다고 해서 부르던 ‘검은솔’이 변형된 발음이다. 바다 가까이에 주로 살고 있어 ‘해송’이라고도 한다. 잎은 소나무보다 억세서 무심코 잎을 만지다가는 따끔하게 찔리기도 한다. 줄기는 곧게 자라는 편이다.

잣나무는 추위에 강한 나무로 비교적 높은 산지에 산다. 요즘은 기후 변화로 온도가 올라가면서 잣송이에 쭉정이가 많이 생기고 있다.

눈잣나무는 설악산 이북 높은 산지에서 산다. 고산지대는 건조하고 바람이 강하다. 거센 바람을 피하려고 몸을 낮춰 살아가는 모습이 마치 누운 것처럼 보인다. 그래서 ‘누워 사는 잣나무’라 하여 눈잣나무라 부른다.

섬잣나무는 울릉도에서만 자란다. 잎이나 잣송이는 잣나무보다 작고 조경용으로 정원이나 공원에 많이 심는다.

금강소나무

반송

소나무는 구불구불한 줄기가 특징적이다. 줄기 아래는 검은색에 가까운 진한 색이지만 위로 올라갈수록 껍질이 벗겨지면서 붉은 빛이 드러나 아름다움을 더한다. 곰솔보다 잎이 부드럽다.

소나무는 낮은 산지부터 높은 산지까지 널리 분포하고 해안가에서 산 정상까지 모든 곳에서 자란다. 그렇지만 야생의 숲에서 산 중간부까지는 활엽수에 밀려 소나무가 잘 보이지 않으며 활엽수가 살기 힘든 건조한 능선에서 많이 보인다. 하지만 사람들은 숲을 가꾼다는 명목으로 솔밭을 만들고, 가로수, 공원, 정원에도 소나무를 많이 심는다.

소나무의 품종으로는 주로 만나는 금강소나무, 반송, 처진소나무, 소나무가 있다. 이 소나무들은 자라는 모양으로 쉽게 구분할 수 있다.

금강소나무는 주로 강원도 높은 산이나 깊은 골짜기에서 자란다. 곧고 치밀하게 자라는 성질 때문에 목재로 인기가 높다. 속은 누런빛을 띠어 황장목이라 불리며, 경상북도 봉화군 근처에서 자라는 금강소나무는 춘양역을 통해 실려 나가 '춘양목'으로도 불린다.

반송은 줄기가 여러 갈래로 우산 모양처럼 동그랗게 자란다. 키가 작아서 반송으로 아는 사람도 있다. 그러나 밑동에서 가지가 많이 퍼져 소복하고 탐스러운 모습이 소반을 닮았다고 해서 소반 반盤자를 써서 반송이다. 반송이라는 이름이 익숙하지만 '소반소나무'나 '아담소나무'라고 불러도 좋겠다. "다박솔이나 옻나무, 잡목들이 생긴 대로 우거진" 소설《혼불》에 이런 표현이 나온다. 충청

처진 소나무

척박한 바위에서 살아가는 소나무

남도에서는 반송을 사투리로 '다박솔'이라고 부른다. 사람들은 오 랫동안 소나무들을 다정하게 불러왔다.

처진 소나무는 이름 그대로 가지가 땅으로 늘어져 있는 모습이 다. 가지가 하늘로 뻗는 소나무하고 달리 아래로 드리워진 모습은 무언가를 품어 주는 듯 부드러운 인상을 준다. 처진 소나무 아래 서 있으면 시끄러운 내 마음도 고요히 안기는 느낌이다.

암솔방울

수솔방울

꽃을 피우지 않는 침엽수

고생대 석탄기에 산소를 이용해 만들어진 리그닌은 씨앗을 가진 양치식물이 30미터까지 자라 울창한 열대 숲을 이루게 했다. 석탄기 말에는 이 양치식물에서 진화한 침엽수, 즉 구과식물이 처음 등장했다. 구과식물은 솔방울처럼 씨앗을 맺는 나무로, 소나무나 전나무 같은 침엽수가 대표적인 예이다.

구과식물은 중생대에 초식공룡의 먹이가 됐고, 추위에도 강해 환경 변화에 잘 적응했다. 그 결과 생존에 유리한 자리를 차지했다. 추위를 견디는 침엽수는 점차 고위도로 영역을 넓혔고, 지구의 토양은 유기물이 풍부한 상태로 바뀌어 갔다.

침엽수의 등장은 중생대 말 백악기에 꽃피는 식물을 비롯한 다양한 생명의 출현을 여는 전환점이 되었다. 속씨식물은 꽃과 열매를 바탕으로 곤충과 상호작용하며 함께 진화했고, 생물다양성의 확대로 이어졌다. 침엽수의 탄생은 초록빛 지구 생명사에서 하나의 획기적인 전환점이었다.

겉씨식물인 침엽수와 속씨식물인 활엽수는 생존 전략을 서로 달리하며 경쟁하고 때로 협력하며 자연을 다양하게 만들었다. 속씨식물은 겉씨식물보다 나중에 발생했고 구조가 복잡하고 종류도 더 많다. 둘의 차이를 더 살펴보자.

종자식물은 씨앗이 밖으로 드러난 겉씨식물과 씨앗이 씨방 안에 들어 있는 속씨식물로 나뉜다. 겉씨식물은 꽃을 피우지 않지만,

속씨식물은 꽃을 피운다.

겉씨식물인 소나무가 꽃을 피우지 않는다니 많은 사람들이 이 부분에서 혼란스러워한다. 봄철 날리는 송홧가루를 소나무 꽃가루라고 생각하기 때문이다.

속씨식물의 생식 기관을 영어로 꽃flower이라 부르지만, 겉씨식물의 생식 기관은 꽃이라 부르지 않는다. 겉씨식물 암꽃은 암솔방울female cone, 수꽃은 수솔방울male cone이라 표현한다. 반면 한국과 일본은 암꽃과 수꽃이라는 명칭을 그대로 쓰고 있다.

겉씨식물의 생식기관을 꽃이라 부르지 않는 이유는 꽃잎과 꽃받침, 씨방, 암술과 수술이 없기 때문이다. 또 겉씨식물은 배젖이 이미 있기 때문에 꽃가루(수술가루)가 날아와 수정하면 배가 형성된다. 반면 속씨식물은 이런 배젖이 없어서 배젖을 만드는 수정 과정이 한 번 더 필요하다.

살아 천년, 죽어 천년

침엽수는 성장 속도가 더디고 자기를 보호하는 물질을 많이 만들어 오래 사는 편이다. 죽은 뒤에도 쉽게 분해되지 않아 오랜 시간 그 자리에 서 있다. 구상나무나 주목이 죽은 모습을 두고 '살아 천년, 죽어 천년'이라는 말을 한다. 그래서 극한의 조건에서 오래 사는 나무들은 대개 침엽수다.

한국에서 가장 오래된 나무도 침엽수다. 1990년대 후반 강원도 정선에서 무려 1400살로 추정되는 주목이 발견되었다. 그것도 한 그루가 아니라 1400살, 1200살, 1100살 세 그루였다. 천년을 훌쩍 넘긴 세월을 살아온 이 나무들을 사람들은 쉽게 '주목 삼 형제'로 부르지만, 100살, 200살이라는 나이 차이를 감안하면 형제라기보다 아들의 아들, 혹은 아들보다 더 먼 세대일지도 모른다. 이 나무들은 천연기념물로 지정돼 보호받고 있다.

한국에서 가장 오래 산 나무가 침엽수이듯 세계에서 가장 오래 산 나무도 침엽수다. 바로 미국 캘리포니아 주 화이트 산에 있는 브리슬콘 소나무다. 해발 3000미터가 넘는 곳에서 이 나무를 발견한 에드먼드 슐만 박사는 이 브리슬콘 소나무 군락지를 969살까지 살았다고 전해지는 유대 족장의 이름을 따서 '므두셀라 산책로'라 불렀다.

슐먼 박사는 브리슬콘 소나무 고갱이를 채취해 연구실에서 현미경으로 나이테를 세어 봤더니 4000살이 넘는 브리슬콘 소나무가 무려 17그루라는 사실을 알게 됐다. 그중에는 4600살 넘는 나무도 있지만 나무를 보호하기 위해 정확한 자리와 나무의 정체를 공개하지 않았다. 덕분에 방문객들은 '어쩌면 저 나무일까' 하는 상상을 품은 채 므두셀라 산책로를 떠난다.

그런데 한 지리학도가 유타 주에서 더 오래된 나무를 찾았다. 나이를 확인하려고 생장추를 박았지만 빠지지 않자 산림 감시원에게 허락을 받아 나무를 베어 버렸다. 그런데 나무는 4900살이었다. 세상에서 가장 오래된 나무는 그렇게 허무하게 잘려 나갔고, 지금은 네바다 주 한 도박장에 줄기 한 토막만 전시돼 있다.

사람의 삶과 숲의 변화

소나무가 사는 곳은 활엽수와 경쟁을 잘 보여 준다. 산을 살펴보면 소나무는 산 중턱보다 능선에서 주로 자란다. 흙과 온도 조건이 적합해 모든 식물이 잘 자랄 수 있는 중간 고도에서는 잎이 넓어 햇빛을 더 많이 수용할 수 있는 활엽수에게 햇빛 경쟁에서 밀리기 때문이다. 활엽수에 밀려 바위 위나 능선처럼 바람이 강하고 물이 부족한 악조건 속에서 살아간다. 수분이 부족하고 온도 변화가 심한 능선에서는 극한 환경에 잘 적응하는 소나무가 활엽수보다 유리하다.

침엽수와 활엽수가 경쟁하는 관계는 사람들의 생활사에도 나타난다. 흔히 침엽수는 북쪽 산악지대에 많다고 생각하지만, 실제로는 인구가 많은 남쪽 평지에 더 많이 자란다. 반대로 활엽수는 인구가 적은 북쪽 산지에 주로 분포한다. 사람들의 경제 활동이 숲의 분포에 직접 영향을 미쳐 소나무 숲이 널리 퍼졌다.

까닭은 이렇다. 한반도는 활엽수가 중심인 원시림이었다. 그러나 조선 건국 뒤 농경 생활이 확산하면서 숲 바닥을 긁어 거름으로 쓰고, 화전을 일구고 장작을 얻느라 활엽수는 점점 자취를 감췄고, 숲은 점점 척박해졌다. 이런 척박한 환경에서도 자랄 수 있는 소나무가 사라진 활엽수 자리를 메우게 되었다.

조선 건국 1등 공신인 정도전은 '백성은 하늘이고, 백성이 하늘로 삼는 것은 먹을거리'라 했다. 조선은 건국 초기부터 먹고사는

백성들의 삶과 애환을 함께한 소나무

문제를 중요한 국가 과제로 여기며 농지를 넓히는 데 힘을 쏟았다. 그렇게 세운 산림 기본 이념은 산과 숲, 하천과 못을 온 나라 사람들이 공유한다는 산림천택여민공지山林川澤與民共地였다. 금산과 봉산이라는 산림 보호 정책을 차례로 시행하며 숲을 체계적으로 관리하려고 했다.

그러나 조선 후기 인구가 늘어나고 농지가 더 필요해지자 화전과 농지 개간이 늘어나면서 산림 황폐화가 지속되고 있었다. 더구나 1670~1671년 소빙기로 찾아온 경신대기근을 겪으면서 온돌이 전국에 보급되자 난방용 장작 수요도 급증했다. 사람들은 흉년이 들면 봉산에 들어가 소나무 껍질을 벗겨 먹거나 몰래 베어서 팔고, 난방용 땔감으로 베어가면서 조선 후기 산림은 계속 황폐화하고 있었다.

광복을 맞이하고 한국전쟁을 지나면서도 농경사회 중심인 한국은 활엽수림보다 침엽수림이 많은 면적을 차지하고 있었다. 그런데 1980년대 들어 연탄과 화학 비료가 보급되면서 커다란 변화를 맞았다. 나무를 땔감으로 쓰지 않고 숲 바닥을 긁어 거름으로 사용하는 일이 사라지면서 숲 바닥에는 유기물층이 유지되고 환경이 풍성해지자 활엽수가 더 잘 자라게 됐다. 숲은 점차 활엽수림으로 전환되기 시작했다.

소나무와 생활사

창녕 비봉리 패총에서 약 8000년 전 선사시대에 제작한 배가 발굴됐다고 한다. 수령이 대략 200년 정도 된 커다란 소나무를 불로 그을려 속을 파내어 만들었다. 나무는 상처를 입으면 균이 침입하지 못하게 수액으로 상처 부위를 감싸고 치료하는데, 소나무 수액은 송진이라고 부른다.

패총에서는 잘 보존된 도토리와 가래, 솔방울 등도 함께 발견됐다. 물속에 저장했기 때문이다. 물속은 산소가 적어 균이 활동하기 어렵다. 송진을 머금은 소나무가 습지에 묻혀 있었기 때문에 수천 년이 지나도 원형을 알아볼 수 있었다.

일상에서도 소나무를 많이 사용했다. 아이가 태어나면 숯과 푸른 솔가지를 꽂은 금줄을 걸고 아이의 건강과 안녕을 기원했다. 태어난 아이가 딸이면 오동나무를, 아들이면 소나무를 심었다. 보릿고개에는 2년 된 소나무 가지 겉껍질 속에 있는 초록빛 송기를 벗겨냈다. 송기를 갈아서 메밀에 섞어 죽을 쒀 먹었다. 먹는 양이 너무 적어서 화장실에 다녀오면 다시 배가 고플까 봐 참다가 변비나 치질에 걸리고 만다. '똥구멍이 찢어지게 가난하다'는 말은 여기서 나온 말이다. 넉넉한 한가위에는 솔잎을 밑에 깔아 송편을 쪘다. 피톤치드의 살균 효과 덕분에 송편이 빨리 상하지 않았다.

땅에 떨어져 쌓인 마른 솔잎은 '솔가리'라 하며 사투리로는 '솔갈비'라고 부르기도 한다. 지금도 그렇지만 맛있는 음식을 만들려면 불 조절이 중요하다. 대나무나 다른 나무는 화력을 조절하기 어렵지만 솔가리는 불의 세기를 조절하기 쉬워 귀한 음식을 만들 때 사용했다.

송연묵은 소나무를 태워 생긴 그을음을 아교에 섞어 만든다. 양반들은 이 묵으로 절개와 지조를 상징하고 찬양하는 소나무를 그리고 시조를 썼다. 고구려 시조 동명성왕 이야기도 소나무에 얽힌 오래된 기록이다. 나라를 세우기 전 부여에서 쫓겨나면서 동명왕은 예씨부인에게 아들을 낳으면 자기 아들이라는 사실을 증명할 물건을 일곱 모가 난 돌 위의 소나무 아래에 숨겨 두었다고 말했다. 뒤에 아들 유리는 일곱 모가 난 주춧돌 위 소나무 기둥 아래에서 부러진 칼을 찾아 아버지를 찾아갔다는 이야기가 전해진다.

송진을 채취하느라 상처 난 소나무

일제, 송탄유

사진은 전라북도 남원시 대산면 왈길마을 마을 숲에 있는 소나무다. 나무에 있는 상처는 일제 강점기에 송진을 채취한 흔적으로, 물과 양분이 원활하게 흐르지 못해 소나무가 구부러진 채 자라고 있다. 이 숲에 있는 오래된 소나무들은 모두 이런 상처를 간직하고 있다.

소나무는 일제 강점기에 심각한 수탈을 당했다. 일본 제국주의가 세력을 확장하던 무렵 미국과 영국은 일본을 견제하기 위해 원유 공급을 끊었다. 그러자 일본은 태평양전쟁을 일으켰다. 진주만을 폭격하고 인도네시아를 점령했지만, 원유가 부족해 전쟁을 계속 이어가기 어려웠다. 일본은 조선 사람들을 동원해 소나무 송진을 채취하기 시작했다.

조선총독부 통계 연보에 따르면 일제는 1933년부터 1943년까지 총 9539톤의 송진을 수탈했다. 특히 1943년 한 해 동안 채취된 양은 4074톤으로, 산림과학원에 따르면 이것은 50년생 소나무 약 92만 그루에서 얻어야 하는 양이라고 한다. 이렇게 강탈한 송진으로 일제는 송탄유松炭油를 생산했다. 송탄유는 항공기 연료로 활용하려 했지만 엔진 고장 등 기술적 한계로 실패했고 주로 접착제, 도료, 공업용 보일러 연료 등 공업용 보조 재료로 사용했다.

쓸모의 무서움

소나무는 구불구불하게 자란다. 왜 이런 모습으로 자랄까? 소나무는 햇빛을 좋아한다. 단순히 좋아하는 정도가 아니라 집착에 가까운 애정을 보인다. 구불구불 자란 줄기는 햇빛을 찾아 헤맨 흔적이다.

숲에서 나무는 결코 혼자가 아니다. 어릴 때부터 주변 모든 나무가 경쟁 상대가 된다. 밀리면 죽음뿐인 환경에서 '경쟁'이라는 단어는 온화하게 느껴질 정도다. 생존을 위한 투쟁의 흔적은 소나무의 줄기에 고스란히 남는다.

사람들하고 숲을 걷다 보면 문득 감탄을 자아내는 나무를 만날 때가 있다. 그런 나무들은 곧게 자라지 않는다. 옆으로 눕거나 기형적으로 구부러져 하늘로 향하거나 몸뚱이에 특이한 혹이 있거나 속이 비어 있다. 이런 나무를 볼 때마다 사람들에게 항상 말한다.

"나무가 멋있어 보인다면, 멋있어 보이는 만큼 큰 고통을 견뎌 낸 흔적입니다."

구불구불한 줄기는 치열한 투쟁에서 살아남은 증거다. 사람에게 멋있게 보이려고 구부러지게 자라지 않았다. 물론 곧고 반듯하게 자란 소나무도 있었다. 그렇지만 그런 나무는 이미 베어져 집의 기둥이나 배가 됐다. 멋지고 잘생긴 사람을 볼 때 농담으로 유전자의 힘이라고 말한다. 숲에서는 반대로 곧고 반듯한 나무들은 사람들이 벌목하면서 점점 사라졌고, 쓸모없다고 여긴 구불구불한 소나무들만 유전자가 이어졌다. 지금 숲에 구불구불한 소나무들이 많은 이유다.

'못생긴 나무가 산을 지킨다'는 말도 있다. 못생긴 나무들은 곤충을 끌어들이고 곤충을 쫓아 새들이 깃들면서 자연스럽게 먹이사슬이 형성된다. 사람들이 외면한 이 나무들이 오히려 숲 생태계의 기반이 돼 숲의 가치를 높인다.

사람들은 쓸모라는 관점에서 숲을 바라본다. 그래서 눈앞의 이익에 따라 나무와 숲의 쓸모가 결정된다. 그러나 나무는 사람의 이익을 위해 존재하지 않는다. 나무는 주변 동식물과 관계 맺고, 흙과 바람, 햇빛과 물의 생명을 받아들이며 뿌리를 내리고 살아간다. 이 나무들 덕분에 동식물이 살아갈 수 있고 더불어 숲이 된다.

소나무는 성질이 곧다. 부러질지언정 휘어지지 않는다는 말이 있다. 태풍, 강한 바람, 습한 눈처럼 무거운 짐이 자신을 누를 때 소나무는 가지를 하나 내어 주고 살아남으려 하지 않는다. 버티다가 버틸 수 없으면 줄기가 부러질지언정 타협하지 않는다. 그리고 다른 나무들처럼 부러진 줄기에서 맹아를 내어 다시 살아보려고 하지 않는다. 그냥 목숨을 놓아 버린다. 성질이 강직해도 너무 강직하다.

재선충으로 죽은 소나무를 훈증 처리한 소나무 무덤

숲의 자연스러운 변화

소나무의 시련은 아직 끝이 아니다. 1988년 부산시에서 말라 죽은 소나무들이 처음 발견됐다. 소나무재선충 탓이었다. 소나무재선충은 솔수염하늘소와 북방수염하늘소가 매개하는 병원체로 지금은 전국으로 퍼졌다.

이 병원체는 솔수염하늘소가 건강한 소나무의 어린 가지를 갉아먹을 때 나무속으로 침투한다. 소나무 내부에 들어간 재선충은 빠르게 증식하며 물관과 체관을 막아 나무를 말라 죽게 만든다. 나무가 죽으면 솔수염하늘소는 그 나무에 알을 낳고, 알에서 깨어난 유충은 봄에 번데기로 자란다. 이때 재선충은 번데기 안으로 들어가 기생하며 새로운 생명 주기를 시작한다.

이동할 수 없는 재선충은 솔수염하늘소에 기생한 덕분에 건강한 소나무로 옮겨가 번식하고 죽은 나무에만 알을 낳는 솔수염하늘소는 재선충 덕분에 알을 낳을 죽은 나무를 확보한다. 두 생물은 서로 이로운 관계이지만 그런 공생이 소나무를 죽게 만든다.

매년 막대한 비용을 들여 방제 작업을 하고 있지만 완전한 방제는 여전히 어려운 상황이다. 남부 지방 숲에서 파란 천막이 덮인 나무 더미를 본 적 있다면 그 더미는 소나무 무덤이다. 감염된 소나무를 잘라 약품으로 처리한 뒤 솔수염하늘소가 다른 나무로 옮겨가지 못하게 천막을 씌워놓은 것이다. 이렇게 잘린 소나무는 아궁이나 벽난로에도 사용할 수 없다. 살아 있는 솔수염하늘소가 날아가 버릴 수 있기 때문이다.

소나무재선충 방제는 여전히 어려운 과제지만 충남대 성창근 교수팀이 개발한 지810^{G810} 백신은 상당한 성과를 보이고 있다. 2017년 중국 광동성 산림국 초청으로 실시된 방제 작업에서는 고사율을 약 70퍼센트까지 낮추는 효과를 보였다. 또한 국립공원관리공단이 재선충 감염이 의심되는 나무에 지810 백신을 주입한 결과, 78.8퍼센트 회복했다고 나타났다.

그러나 이런 효과적인 백신이 있는데도 산림청은 재선충을 잡는다며 대규모 벌목을 진행하고 있다. 방제 목적으로 고독성 농약을 주입하기도 한다. 문제는 고독성 농약이 봄철 소나무에서 나오는 송홧가루에 잔류해 국민 건강, 꿀벌, 생태계에 영향을 미친다는 점이다.

재선충은 분명 소나무에 위협이 되는 병원체다. 그렇지만 앞서 언급했듯이 농경문화 변화에 난방 방식까지 개선되면서 산림 훼손이 줄어들었고 소나무 숲도 자연스럽게 활엽수림으로 바뀌고 있다. 재선충 피해 때문이 아니라도 우리 숲은 시간이 흐르면서 낙엽활엽수림으로 천이하고 있다. 자연스러운 변화다.

사마귀와 말벌, 벼랑 끝 소나무

부엉이는 복을 부르는 상징물이다. 그래서 부엉이 저금통이나 부엉이 장식 열쇠고리 하나쯤은 집마다 있다. 부엉이를 복스럽게 여긴 이유는 무엇이든 모으는 습성 때문이다. 부엉이는 둥지 안으로 물건을 물고 들어오는데 재물도 집 안으로 물고 들어오기를 바라는 셈이다.

소나무를 올려다보면 가끔 가지 중간이 뽀빠이 팔뚝처럼 불룩하게 부풀어 오른 부분을 볼 수 있다. 멀쩡한 가지에 뭔가 붙은 듯 보이기도 하고 툭 튀어나온 혹처럼 보이기도 한다. 균이나 바이러스에 감염돼 생긴 혹이다. 사람들은 이런 가지를 '부엉이 방구통'이라 불렀다.

야행성인 부엉이는 밤이면 큰 나무에 앉아 먹이를 찾는다. 캄캄한 밤, 소나무 가지에 둥그런 무언가가 보여 부엉이가 앉아 있는 줄 알지만 날이 밝고 나서 보면 부엉이가 아니다. 사람들은 부엉이가 방귀를 뀌고 날아갔고 그 방귀 때문에 가지가 부풀어 올랐다는 익살스러운 이야기를 만들어냈다. 소나무에 그런 모양 가지는 부엉이 방구통이라는 재미난 이름을 얻게 됐다.

양반에게 소나무는 기개나 절개를 상징하지만 서민에게 소나무는 균과 싸우며 에너지를 모아 부풀어 오른 가지를 두고 부엉이 방구가 들어간 통이라고 부르며 웃음을 주는 존재이자 복을 가져다주는 상징이다.

부엉이 방구통이라고 불리는 소나무 혹

기절한 사마귀, 허리가 뜯긴 채 기어가는 말벌

숲해설가광주전남협회에서 할 소나무 강의를 준비하던 중 소나무 사진이 필요해 오랜만에 퇴수정을 찾았다. 10년이 지나도 크기가 그대로인 듯한 소나무를 찍고 주변을 둘러봤다.

그때 정자 계단에서 허리가 뜯긴 채 쓰러져 있는 말벌을 발견했다. 바로 옆에는 기절한 왕사마귀가 있었다. 생과 사를 가르는 혈투가 벌어진 흔적이다. 서로 공격하다가 사마귀는 말벌의 침에 기절했고, 말벌은 허리가 뜯긴 듯하다. 기절에서 깨어난 사마귀는 다시 몸을 일으키려 했고 말벌도 안간힘을 다해 기어가고 있었다.

벼랑 속 작은 틈을 찾아 뿌리를 내리고, 아슬아슬하게 생명을 이어가는 소나무. 그 아래에서는 또 다른 생명들이 생존을 위한 치열한 싸움을 벌이고 있었다. 겉보기에는 평화로워 보이는 풍경 속에서 비인간 생명들은 살아남기 위해 치열하게 몸부림치고 있었다.

절벽에는 눈물만, 절망만, 지난한 투쟁만 있지 않다. 시원한 빗방울, 솔잎에 맺힌 아침 이슬, 벼랑에 기대었기에 온전히 받는 햇빛, 그리고 그 가지 위에 앉은 새 한 마리가 부르는 노랫소리. 그런 희망으로, 소나무 뿌리는 척박한 땅을 스스로 살아갈 수 있는 땅으로 바꾸어낸다.

느림보가 유럽을 다녀오면서 피노키오 메모 꽂이를 사 왔다. 피노키오 메모꽂이를 보는 순간 문득 '아, 피노키오도 나무지?' 하는 생각이 들면서 무슨 나무로 만들었는지 궁금증이 몰려왔다.

이럴 수가. 말하는 나무토막은 잣나무였다. 주변 산에서 어렵지 않게 보이는 잣나무가 피노키오였다는 사실이 신기했다. 피노키오Pinocchio는 이탈리아 토스카나 방언으로 '잣송이'를 뜻한다. 소나무 속Pinus과와 눈, 시력occhio이 합해져 만들어진 말이다. '눈'이 들어가는 것이 신기해서 잣송이 사진을 찾아보았다.

잣나무가 많은 곳에 가면 청설모가 잣을 뽑아내기 좋게 갉아놓은 잣송이가 가끔 바닥에 떨어져 있다. 나무 위에서 잣을 이빨로 갈다가 잘못해서 떨어뜨리기도 하고, 사람이 나타나면 놀라서 떨어뜨리기도 한다. 그런 잣송이에 들어있는 잣은 눈 모양에 눈동자 모양까지 새겨져 있어 눈을 닮았다. 생각지도 못한 발견이었다.

한국에서 잣으로 유명한 곳은 가평이다. 가평과 피노키오를 넣어 검색을 했다. 가평군 청평면에 있는 이탈리아마을 피노키오와 다빈치라는 테마파크가 있었다. 그런데 잣과 피노키오를 연결한 상품은 눈에 띄지 않아서 그런 상품이 있다면 흥미로울 듯했다. 잣으로 유명한 가평군에 피노키오를 주제로 한 테마파크가 있다니 또 한 번 생각지도 못한 발견을 했다.

잣송이에 들어 있는 잣은 눈을 닮았다

　　그리고 거짓말을 하면 코가 길어진다고만 기억하는 피노키오 책을 도서관에서 빌려 다시 한 번 읽었다. 어린 시절 읽던 동화와 전설에도 나무가 숨은그림찾기처럼 숨어 있다. 인간과 나무는 떼려야 뗄 수 없다는 사실을 작은 메모꽂이를 보고도 알 수 있었다.

오리나무

다산을 상징하는 신성한 나무 친구

실상사에 있는 돌로 만든 솟대

오리, 하늘에 닿기를

오리는 하늘로 날아간다. 오리는 어디에서 와서, 하늘로 날아가는 것일까? 아주 먼 옛날, 사람들은 겨울이 다가오면 갑자기 나타나 물가에서 살다가 봄이 되면 다시 떠나는 오리들을 신기하게 여겼다. 철새의 생태를 알지 못했던 사람들은 하늘에서 내려와 다시 하늘로 날아가는 오리를 보며 염원을 담아 기원하기 시작했다.

하늘은 농사짓는 사람들에게 신성한 존재였다. 농사에 가장 중요한 비를 내려 주기 때문이다. 사람들은 하늘에 거룩한 존재가 있어, 정성을 다하면 소원을 이룰 수 있다고 믿었다. 하늘과 맞닿을 듯한 커다란 나무를 우주목宇宙木이나 신목神木으로 삼아 기도를 드린 이유도 비슷하다. 삶이 고단한 사람들에게는 지푸라기라도 잡는 심정으로 간절함을 담아 정성을 다할 대상이 필요했다. 그래서 하늘에서 내려왔다가 다시 하늘로 사라지는 오리에게 소망을 전하려고 솟대를 세웠다.

솟대 위에 새겨진 새는 대부분 오리다. 옛사람들은 물속에서 자맥질하며 살아가는 많은 새를 통칭해서 오리라고 불렀다. 솟대 위에 있는 새가 기러기일 수도 청둥오리일 수도 원앙일 수도 있지만, 모두 오리다.

전라북도 남원시 산내면에 자리한 천년고찰 실상사에는 나무로 만든 솟대가 아닌 돌로 만든 솟대가 서 있다. 2015년에 세워진 이 솟대는 나무 솟대하고 달리 일부러 훼손하지 않는 한 오랫동안 자리를 지킬 것이다. 이 돌솟대는 2014년의 어린 영혼들을 위해 만든 것은 아닐까하고 생각해 보았다.

솟대 위 오리, 오리나무와 오리 사이에는 어떤 이야기가 숨어 있을까.

5리마다 없는 오리나무

이름을 안다는 것은 관계를 시작하는 첫걸음이다. 왜 그런 이름이 붙었을까 하는 궁금증이 생기면 자연스럽게 자세히 들여다보게 된다. 이름을 알기 위해 다가서는 한 걸음 한 걸음이 나무와 내가 서로 길들이는 여정이 된다.

오리나무 이름은 '5리마다 심어서'라는 이야기에서 유래했다고 알려져 있다. 나무를 약 2킬로미터인 5리마다 심는 일은 개인이 아니라 국가적 차원에서 할 수 있는 사업이다. 이런 내용은 기록을 중시한 조선에서는 문헌에 남겼을 가능성이 높다. 조선왕조실록에서 '오리'나 '나무 심기' 같은 키워드로 검색해 보았지만 확인할 수 없었다. '오리목'이라는 기록조차 보이지 않았다. 결국 5리마다 심어서 오리나무라는 말은 이름에 뜻을 억지로 끼워 맞춘 추측일 가능성이 크다. 모든 나무 이름의 유래를 명확히 알 수는 없다. 문서로 남은 유래보다 구전으로 전해지기 때문이다. 그래서 나무의 생태적 특성이나 역사적 근거를 찾아야 한다.

오리나무는 비가 오면 물에 잠기고 비가 그치면 다시 드러나는 습지 환경을 좋아한다. 실제로 지리산을 다니다 보면 사람들이 살았던 흔적이 있는 곳에 묵은 논이 있는데 이런 곳에서 오리나무가 드물게 보인다. 만약 오리마다 심었다면 사람이 다니는 길을 따라 심었을 텐데 습지에 적응한 오리나무가 건조한 길가에서 잘 자랐을까? 오리나무 이름을 이해하기 위해 나무를 관찰하고 사람들의

오리 똥(왼쪽)과 오리나무 열매(오른쪽)

이야기에 귀를 기울이면서 두 가지 가설을 생각했다.

첫째, 오리나무 열매가 오리 똥을 닮아서다.

"오리나무는 열매가 오리 똥을 닮아서 오리나무죠?"

언제인가 한국수달네트워크 최상두 대표가 진한 경상도 억양으로 물었다. 수달을 만나러 비가 오나 눈이 오나 물가로 출근하는 최상두 대표는 수달뿐 아니라 민물고기와 물가에 서식하는 새들에 대해서도 깊은 지식을 가진 토박이 시민과학자다. 평소에 물가에서 알고 있는 지식과 경험으로 오리나무 이름을 떠올렸다면 오래전 사람들도 오리 똥과 오리나무 열매를 연관 지어 이름을 붙였을 가능성은 아주 높다. 사진을 비교해 보면 더 잘 알 수 있다. 왼쪽 바위 위에 동글동글한 모양은 오리 똥이고, 오른쪽은 오리나무 열매 사진이다. 이렇듯 동물 배설물이 들어간 이름을 지닌 식물은 쥐똥나무, 말오줌나무처럼 다른 사례에서도 찾을 수 있다.

둘째, 오리나무는 오리가 둥지를 틀어 사는 나무일 가능성이다. 습지 주변에는 오리나무, 버드나무, 사시나무, 느티나무처럼 물가에 적합한 나무들이 풍부했다. 이런 나무에는 딱따구리가 뚫어 놓은 구멍이나 자연적으로 생긴 공동이 있었고, 공동은 나무에 둥지를 틀고 새끼를 기르는 원앙 등 오리류에게 안성맞춤이었다. 사람들은 물가에서 오리와 함께 살아가는 모습을 보고 자연스럽게 오리나무라 불렀을지도 모른다.

아름답기 때문에 고통받는 자작나무

오리나무는 자작나무과 오리나무속에 속한다. 한반도의 자작나무과에는 오리나무속, 자작나무속, 서어나무속, 새우나무속, 개암나무속으로 5개 속이 있다.

자작나무과 나무들은 수꽃이 되는 겨울눈이 독특하다. 일반적으로 나무의 겨울눈은 나무초리에 숨은 듯 붙어 있다. 그런데 자작나무과 나무들은 봄에 암꽃이나 잎으로 나오는 겨울눈은 나무초리에 붙어 있지만, 수꽃이 되는 겨울눈은 꼬리처럼 매달려 있다. 꼬리를 닮았다고 해서 꼬리모양꽃차례(미상꽃차례)라고 한다. 자작나무과 중 서어나무속은 겨울을 지나 이른 봄부터 꼬리 모양으로 커지기 때문에 겨울에는 꼬리처럼 매달린 수꽃눈을 확인할 수 없다.

인제군 자작나무숲은 2024년 산림청이 선정한 걷기 좋은 명품 숲길 50선에 포함됐다. 2019년 가을에 이 숲을 방문했을 때 하얀 껍질이 만들어내는 풍경은 무척 이국적이었다. 가지가 떨어진 자리에 검은 눈썹 모양의 흔적을 지흔枝痕이라 하는데 하얀 수피 위에 지흔이 그려진 자작나무는 멋있고 아름다웠다. 그래서 사람들의 발길이 끊이지 않는다. 내가 간 날에도 많은 사람들이 그 길을 걷고 있었다.

나는 자작나무만 빼곡한 이곳이 숲으로 보이지 않았다. 숲은 서로 다른 나무들이 햇빛과 물을 두고 경쟁하고, 그 사이로 작은 나무들이 섞여 들어 저마다 방식으로 삶을 이어가는 곳이다. 그러나 이곳은 밭이나 논처럼 선택된 자작나무만 자라고 다른 식물은 모두 제거됐다. 그래서 숲이라기보다 밭으로 보인다.

지리산에도 자작나무가 있다. 둘레길 운봉−인월 구간에서 찍은 사진이다. 하얀 자작나무들이 버팀목에 기대어 심겨 있다. 버팀목은 3년 정도 지나면 대체로 풀어 준다. 3년 정도면 뿌리가 어느 정도 활착이 돼서 필요 없기도 하고 해마다 두꺼워지는 줄기가 버팀목에 짓눌릴 수 있기 때문이다. 버팀목이 있는 것으로 보면 바닥에 쓰러진 나무는 심은 지 채 3년이 안 됐다는 사실을 보여 준다. 강원도 인제군은 그나마 북쪽이라 자작나무가 어찌어찌 견디며 살아간다지만, 지리산은 자작나무가 자라기엔 따뜻한 곳이다. 환경에 맞지 않는 나무를 심은 결과 나무들은 제대로 버티지 못하고 죽어간다. 살아있어도 하얀 줄기는 색이 바랬다.

사람들이 자작나무를 좋아하는 이유는 반듯하게 서 있는 하얀 줄기가 매력적이기 때문이다. 그래서 시내 공원에도 심고, 아파트 단지 내에도 심는다. 야산에도 자작나무가 심어진 곳은 그리 어렵지 않게 볼 수 있다. 그렇지만 심어진 자작나무는 줄기가 검게 변해간다. 환경이 맞지 않기 때문이다. 자작나무의 상징처럼 보이는 반듯한 줄기랑 하얀 껍질은 이유가 있다. 추운 지역은 눈이 많다. 무거운 눈에 부러지지 않고 버티려면 줄기가 곧아야 한다. 하얀 껍질은 겨울철 밤낮 기온차를 줄여 준다. 낮에는 햇빛을 반사시켜 나무의 온도를 낮춘다. 추운 밤과 온도 차를 줄여 급격하게 냉각되지

크고 작은 나무를 베어 숲이 아니라 밭이 된 인제군 자작나무숲

환경이 맞지 않아 고사한 자작나무들

않게 대비한다. 추운 지역에서 살아남기 위한 진화의 결과물이다. 그런데 온대 지역인 지리산은 자작나무 자생지에 비해 눈의 양도, 추위도 훨씬 덜하다. 대신 균이 많다. 유전자에 새겨진 생존 법칙은 쓸모가 없어지고, 대신 처음 만나는 균과 경쟁해야 한다.

사람의 눈에 독특하고 아름답게 보이면 볼거리의 대상으로 전락하고, 상품이 된다. 교환의 대상이 되어 사고 팔리게 되며, 이윤이 생기는 정도에 따라 쓸모가 정해진다. 이때 자작나무가 축적해온 진화의 시간은 철저하게 무시된다. 사람들이 아름답다고 평가하고 선택한 비인간 생명체들은 고통을 받는다. 본래 뿌리내리던 땅에서 강제로 옮겨지고, 토양과 기후, 수분 조건이 맞지 않는 환경에서 살아남기 위해 안간힘을 쓰다가 결국 고사한다. 미적 소비가 낳은 구조적인 결과다. 그렇다면 우리는 진지하게 묻지 않을 수 없다. 인간이 바라볼 권리, 아름다움을 소유하고 전시할 권리가 한 생명이 살아갈 권리보다 더 중요한지 말이다. 이런 사례는 반려동물을 비롯해 수없이 많지만, 자작나무 또한 생명을 도구로 환원하는 대표적인 사례다.

자작나무 줄기

거제수나무 줄기

사스레나무 줄기

자작나무속 여섯 형제

　자작나무속에는 자작나무, 거제수나무, 사스레나무, 물박달나무, 박달나무, 개박달나무 이렇게 여섯 종이 있다. 이 중 자작나무, 거제수나무, 사스레나무를 살펴보자. 먼저 자작나무는 북위 45~70도 사이 냉대 기후 지역에서 주로 자라며, 한국에서는 자생하지 않는다. 강원도 인제군에 있는 자작나무 숲은 인공 조림지다. 사람이 심어놓은 자작나무는 개체로 살지 않고 대부분 군락을 짓고 모여서 산다. 자작나무하고 달리 거제수나무랑 사스레나무는 자생종으로 숲에서 살며, 군락을 만들기보다 다른 나무와 더불어 살아간다.

　자작나무 껍질은 하얗고 줄기에는 가지가 떨어진 짙은 눈썹 모양 흔적인 지흔(枝痕)이 있다. 거제수나무 껍질은 붉은빛이 살짝 돌고, 사스레나무는 흰색이다. 가끔 거제수나무의 껍질이 흰색으로 보여 사스레나무하고 구분하기 어려울 때가 있는데 그때는 잎이나 열매, 겨울눈을 찾아 구분해야 한다.

　이들 나무는 껍질이 가로로 벗겨지고, 기름 성분이 많아 불에 잘 붙는다. 산에서 소나기를 만나면 사람들이 굴이나 큰 바위 아래로 비를 피할 수 있어도 추위까지 피하기는 어려운 때가 있다. 몸을 녹이기 위해 불을 피워야 하지만 비에 젖은 나무는 불이 잘 붙지 않는다. 이때 거제수나무 껍질을 훑어와 불을 붙이면 불이 쉽게 붙는다. 지리산 뱀사골에서 만난 주민도 그렇게 몸을 녹였다고 했다.

자작나무 잎

거제수나무 잎

사스레나무 잎

잎으로 구분을 해 보자. 자작나무 잎은 끝이 뾰족한 마름모꼴이고, 거제수나무와 사스레나무 잎은 끝이 뾰족하고, 줄기와 연결되는 아래 부분은 둥글거나 심장 모양이다. 측맥 수는 자작나무가 6~8쌍, 거제수나무는 10~16쌍, 사스레나무는 8~12쌍 정도다. 사진으로 보면 거제수나무 잎이 좁고 길며 측맥이 많은 것을 확인할 수 있다.

사는 곳으로 구분을 해 보자. 사스레나무는 주로 산 정상이나 능선부에서 자라고, 거제수나무는 능선보다 팔부나 구부쯤에 주로 자란다. 자작나무는 남쪽에서 자생하지 않아 비교할 수 없다. 5교시에서 나오지만, 자작나무는 하얀 줄기를 가진 은사시나무와 자주 혼동된다.

이번에는 자작나무속 나머지 세 나무인 박달나무, 물박달나무, 개박달나무를 알아보려고 한다.

이 중에 물박달나무는 내게 특별한 나무다. 어느 햇살 가득한 겨울'날, 동면하는 반달가슴곰이 겨우내 잘 지내고 있는지 산청군 금서면 와불산 자락에 있는 오봉마을로 갔다. 마을 앞 작은 냇물을 건너 임도를 따라가다 멈춰 섰다. 곰에 달린 발신기에 주파수를 맞추고 주위를 둘러보는데 처음 보는 나무가 눈에 들어왔다. 하얀색 나무에 햇살이 비추는데 마치 하얀 나비가 나무줄기에 가득 앉아 있는 듯이 보였다. 짙은 고동색, 흙색, 검은색만 가득한 겨울 숲에서 하얀 나비라니 너무나 경이로웠다. 어떤 사람들은 이런 묘사가 과장됐다고 한다. 모든 나무를 사랑하지만 어떤 나무는 특별히

박달나무 껍질

물박달나무 껍질

개박달나무 껍질

마음에 안기기도 한다. 물박달나무가 그랬다.

껍질로 세 나무는 구분해 보자. 공통점은 껍질이 벗겨진다는 점이다. 박달나무는 껍질이 지각 변동하듯 통째로 들썩이며 갈라지고 개박달나무는 작은 벽돌이 일어나는 모습으로 갈라진다. 물박달나무는 껍질이 하얘서 쉽게 구분할 수 있다.

서식지로 구분해 보자. 박달나무하고 물박달나무는 깊은 산에서 자생하고, 개박달나무는 해발 1000미터 이상 높은 산에서 볼 수 있다.

열매로도 구분할 수 있다. 박달나무는 열매가 새끼손가락처럼 가늘고 길이가 2~3센티미터 정도이며, 개박달나무는 열매는 손가락 마디처럼 뭉툭하고 짧다.

운봉읍 행정마을 마을 숲 개서어나무

서어나무속 서어나무

서어나무는 서목^{西木}으로 불리다가 서어나무가 됐다고 한다. 그러나 왜 서목으로 불렸는지는 명확하지 않다. 자료를 아무리 찾아 봐도 그 이유를 밝혀내기 어려웠다.

전라북도 남원시 운봉읍 행정마을에는 개서어나무로 만들어진 커다란 마을 숲이 있다. 마을을 보호하기 위해 조성된 비보림이며 모두 서어나무 숲이라 부른다. 마을이 형성될 무렵 이곳은 산으로 둘러싸인 안정된 지형이었지만 북쪽 방향이 열려 있었다. 풍수지리로 볼 때 북쪽에서 나쁜 기운이 들어오는 형국이라 서어나무를 심어 북쪽 방향을 막았다고 전해진다.

서어나무는 줄기는 울퉁불퉁하고 껍질은 밝은 색이다. 겨울이면 잎이 다 떨어지고 밝은 색 줄기만 남은 거대한 나무들이 서 있는 모습이 장관을 만든다. 나무 이름은 사람들이 자연과 관계를 맺는 과정에서 만들어지는 법이다. 서어나무는 그저 '서 있는 것'만으로도 마을을 보호하고 사람들과 관계를 맺는 나무였다.

서어나무는 키가 크지만 줄기가 울퉁불퉁해 목재로 적합하지 않고 불땀이 약해 땔감으로 선호되지 않는다. 열매도 기름을 짜거나 먹을 수 없다. 농사나 일상생활에서 특별히 쓸모가 없지만 밝은 색에 큰 키를 가진 서어나무는 마을 방어벽처럼 그 자리를 지켰다. 어두운 색으로 상징되는 나쁜 기운을 밝은 색 서어나무가 막아 준다고 믿었다.

'서 있기만 해도 제 몫을 다하던 나무.' 이 문장이 떠오르는 순간 깨달았다. 서어나무라는 이름은 혹시 '서 있는 나무'에서 비롯되지 않았을까.

서어나무와 개서어나무는 줄기가 유독 울퉁불퉁하다. 그래서 사람들은 '헬스나무', '근육나무'라고도 부른다. 왜 이렇게 생겼는지 설명은 하지 않는다. 원인이 없는 결과는 없다. 울퉁불퉁하면 분명 이유가 있을 것이다. 줄기에 담긴 의미를 곰곰이 생각해 봤다.

나무를 만나다 보면 줄기가 비정상적으로 부풀어 오르거나 잘록한 경우를 종종 본다. 통통하게 부풀어 오른 것은 에너지가 모인 결과이고, 반대로 가느다란 부분은 에너지가 부족할 때 나타나는 현상이다. 서어나무는 튀어나온 부분이 있고 들어간 부분이 있다. 이렇게 서어나무 줄기가 울퉁불퉁한 이유는 강한 바람이나 외부 자극으로 흔들릴 때 힘을 한곳에 집중한 결과다. 옆의 다른 나무보다 더 민감하게 반응하는 것을 보면, 두려움이 많은 나무라는 생각이 든다. 숲에서 식물이 환경에 잘 적응하는 종으로 점차 변하는 현상인 천이 과정에서 서어나무는 마지막에 나타나 숲에서 중심이 된다. 그러나 어린 시절 서어나무는 수많은 환경적 도전을 두려움 속에서 견뎌야 한다. 그 시간을 이겨냈기에 서어나무는 마침내 숲에서 중심이 될 수 있었다.

모든 결과는 원인이 있다. 현대인이 20만 년 전 아프리카에서 시작한 인류의 기원을 알고 역사를 배우며 오늘의 우리를 이해하듯이, 나무가 지닌 독특한 현상이 있으면 원인을 생각하고 찾아보려는 노력이 나무를 이해하고 한 걸음 더 다가서기 위한 자세라고 본다.

서어나무속에는 서어나무, 개서어나무, 까치박달나무, 소사나무가 있다.

서어나무와 개서어나무를 구분해 보자. 두 나무는 껍질이 비슷해서 잎과 나무초리, 열매로 구분해야 한다. 먼저 잎으로 구분해 보자. 두 나무 모두 잎 끝이 뾰족하지만, 서어나무 잎 끝이 꼬리처럼 더 길게 뻗어 있다. 개서어나무는 서어나무보다 잎이 크고 나무초리와 잎에 털이 많아 폭신한 느낌을 준다. 나무초리와 잎에 털이 많으면 개서어나무, 털이 거의 없으면 서어나무로 볼 수 있다.

열매 모양은 훨씬 뚜렷하게 다르다. 서어나무는 열매 자루 하나에 40~50개 정도 열매가 촘촘히 달리며 포는 작고 좁다. 개서어나무는 열매 자루 하나에 20개 정도 열매가 달리며 포가 크고 넓어 열매가 성글게 달린다. 나무에 매달려 있는 서어나무 열매는 마

잔가지에 털이 없는 서어나무

열매가 많이 열리는 서어나무

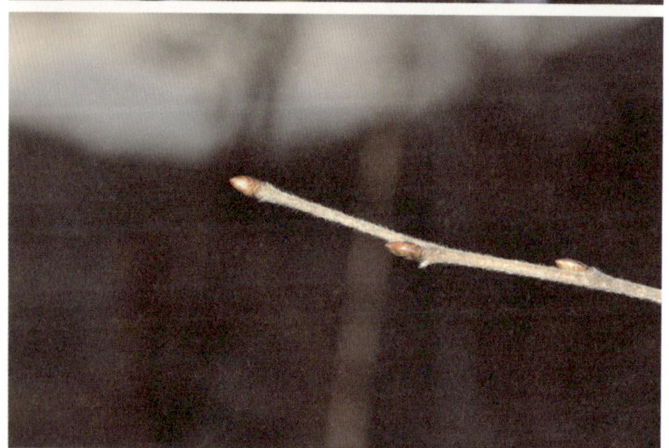

잔가지에 털이 많은 개서어나무

열매가 적은 개서어나무

치 비가 내리는 듯한 인상을 주는 반면 개서어나무 열매는 산만하고 느슨해 보인다.

까치박달나무와 소사나무를 살펴보자. 까치눈은 발가락 아래 접힌 피부가 갈라진 자국을 뜻하는데 까치박달나무는 껍질의 갈라진 모습과 색이 까치눈하고 닮아서 이름이 그렇게 붙지 않았나 추측한다. 소사나무 이름은 '작은 서어나무'라는 뜻인 '소小서나무'에서 유래했고 '소사나무'로 발음이 변했다.

서식지는 까치박달나무는 깊은 산이고, 소사나무는 해안가다. 소사나무는 해안에서 잘 자라 방풍림으로 많이 심는데 바닷바람을 맞으며 자라기 때문에 곧게 뻗지 못한다. 까치박달나무 열매 모양은 죽부인을 닮았으며 한 손에 쏙 들어오는 크기다. 손으로 만져 보면 '가각가각' 하는 소리가 느껴진다. 소사나무는 털이 아주 많다. 잎에 빽빽하게 난 털은 바닷바람을 막아 주고, 곤충이 잎을 갉아먹기 어렵게 만드는 역할을 한다.

개암나무 열매

눈자루가 있는 개암나무 수꽃눈

참개암나무 열매

눈자루가 거의 없는 참개암나무 수꽃눈

새우나무속과 개암나무속

새우나무는 제주도나 남해안에서 자생한다. 껍질이 새우등처럼 휘어져 있어 새우나무라는 이름이 붙었다. 독특한 껍질 형태 덕분에 다른 나무와 구별하기 쉽다. 털도 많이 나 있다.

개암나무속에는 개암나무, 참개암나무, 물개암나무가 있다. 이 중 물개암나무와 참개암나무는 차이가 거의 없다. 다른 점은 참개암나무는 열매 포가 급격히 좁아지고 물개암나무는 열매 포가 완만하게 좁아진다는 점이다.

여기서는 개암나무하고 참개암나무를 중심으로 살펴보자. 가장 큰 차이는 열매 형태다. 개암나무 열매는 짧은 치마처럼 생긴 반면 참개암나무 열매는 긴 치마나 호리병을 닮았다. 특히 참개암나무 열매는 매우 억센 털로 덮여 있어 완전히 익기 전에 만지면 따끔하게 찔릴 수도 있다.

개암나무속 나무들은 모두 수꽃 눈이 아래로 늘어진다. 개암나무는 눈자루가 있어 겨울눈이 가지에서 약간 떨어져 보이고, 참개암나무는 눈자루가 거의 없어 가지에 착 붙어 있는 것처럼 보인다.

긴 타원형인
오리나무 잎

물결 모양
물오리나무 잎

대팻집나무를 닮은
두메오리나무 껍질

자작나무과 오리나무속

물오리나무와 사방오리나무는 마을 주변 산에서 어렵지 않게 만날 수 있지만 오리나무는 쉽게 눈에 띄지 않는다. 오리나무 서식지와 인간의 활동지가 충돌한 탓이다.

오리나무는 주로 물가에서 자란다. 그러나 물가는 농경지나 마을이 만들어지기 쉽다. 사람들이 모여들었고 오리나무는 점차 밀려나 물가에서 사라져 갔다. 겨우 명맥을 이어가던 오리나무는 약재로도 쓰이며 두 번째 수난을 겪었고 지금은 찾아보기 힘든 나무가 되어 버렸다.

그래서 나무를 처음 배우는 사람들은 오리나무를 알아보기 쉽지 않다. 나도 전라북도 장수군 뜬봉샘에 갔을 때 몸통이 잘린 나무 밑동에서 돋아난 맹아지와 나뭇잎을 보고도 한눈에 알아보지 못했다. 낯선 나뭇잎이 보여 한참을 들여다보다가 겨울눈으로 시선이 갔다. 성냥개비처럼 생긴 겨울눈을 보고서야 오리나무임을 알았다. 나무를 관찰할 때는 잎뿐 아니라 겨울눈과 나무초리도 함께 살피는 습관 덕분에 예상치 못한 순간에 귀한 나무를 알아볼 수 있었다.

오리나무속 나무 중 대표적으로 오리나무, 물오리나무, 사방오리나무, 두메오리나무의 특징을 알아보려고 한다.

잎부터 살펴보자. 물오리나무는 잎 가장자리가 물결 모양이고, 사방오리나무 잎은 계란형이고 끝이 뾰족하며 또렷한 측맥이 특

눈자루가 있는
오리나무 겨울눈

눈자루가 있는
물오리나무 겨울눈

눈자루가 없는
두메오리나무 겨울눈

징적이라 쉽게 구분할 수 있다. 두메오리나무 잎은 사방오리나무 잎처럼 계란형이지만 뾰족하지 않고 부드러운 인상을 준다. 그렇지만 오리나무는 다른 나무하고 잎이 비슷해 잎만으로 구별하기 어렵다.

겨울눈을 살펴보자. 오리나무와 물오리나무는 겨울눈에 눈자루가 있어서 겨울눈이 끝이 둥근 성냥개비처럼 보인다. 그러나 물오리나무 겨울눈이 오리나무 겨울눈보다 더 크다. 반면 사방오리나무와 두메오리나무는 눈자루가 없고 뾰족한 겨울눈이 공통점이다.

겨울눈 중에 봄에 수꽃이 되는 수꽃눈을 살펴보자. 사방오리나무 수꽃눈은 다른 자작나무하고 다르게 초록빛을 띠며 하늘을 향해 곧게 선다. 사람들은 주변에서 흔하게 만나는 물오리나무와 사방오리나무를 겨울에 구분하기 어려워한다. 이 둘은 수꽃눈을 보면 확실히 다르다. 물오리나무 수꽃눈은 갈색을 띠며 땅으로 늘어지고 사방오리나무 수꽃눈은 초록색을 띠며 하늘로 곧추선다.

껍질도 살펴보자. 물오리나무 껍질은 그물형으로 갈라지며 떨어진다. 오리나무속 나무들은 대체로 껍질이 벗겨지지만, 두메오리나무는 껍질이 벗겨지지 않는다.

두메오리나무는 강원도 깊은 산속에 자생한다고 알려져 있지만, 울릉도에 갔을 때 그곳에서도 만났다.

"옛날에는 두메오리나무를 달여 먹거나 팔기도 했는데 마을 사람들이 이러다 오리나무 씨가 마르겠다며 팔지 않기로 약속했어요."

머물던 민박집 주인이 들려줬다. 덕분에 울릉도에서 두메오리나무를 어렵지 않게 만날 수 있었다. 울릉도 주민들이 사라질지 모를 위기에 처한 나무를 지키기 위해 자신들의 이익을 기꺼이 포기한 것은 매우 소중한 일이다. 그런 결정을 내리지 않았다면 나는 지금쯤 강원도 깊은 산속 어딘가에서 두메오리나무를 찾아 헤매고 있었을지도 모른다.

나무 구멍을 위한 변명

가끔 아파트 보일러실 틈에 둥지를 튼 원앙이 언론에 소개된다. 요즘은 물가에 오리가 둥지를 틀 만큼 큰 나무가 거의 남아 있지 않기 때문이다. 물가에 커다란 나무가 부족하고, 남아 있는 나무에 커다란 구멍인 공동空洞조차 '치료'라는 이름으로 메워버린다. 오리들이 살 수 있는 자연 공간인 공동이 이런 식으로 모두 사라진 탓에 오리들은 궁여지책으로 공동을 닮은 도심 건물 틈새를 이용하고 있다.

나무도 상처가 나면 치료를 해야 한다. 공동 치료는 나무에 커다란 구멍이 생기면 실리콘과 톱밥을 섞어 메우는 일이다. 그러나 근대 수목관리학의 아버지로 불리는 알렉스 L. 샤이고 박사는 공동을 메우는 방식이 부작용을 일으킬 수 있다고 경고했다. 빛과 공기가 차단되면 수분이 고이고, 고인 수분 때문에 균의 활동이 활발해져 상처가 더욱 악화될 수 있다고 한다. 그리고 공동이 없어지면 다른 생명체와 공존이 일어나지 않게 된다면서 나무 공동을 절대 메워서는 안 된다고 강조했다.

천연기념물이자 멸종위기종 1급으로 지정되었던 크낙새는 2017년 멸종위기종 목록에서 해제됐다. 멸종위기종에서 해제되는 경우는 두 가지다. 하나는 개체수가 늘어나 종이 복원된 경우이고, 다른 하나는 완전히 멸종한 경우다.

첫째 사례는 지리산을 대표하는 깃대종인 히어리처럼 긍정적이다. 히어리는 멸종위기야생식물 2급으로 보호받다가 개체수가 안정적으로 증가해 2011년 멸종위기종 목록에서 빠졌다.

그렇지만 크낙새는 안타깝게도 둘째 경우다. 몸길이가 약 45센티미터에 달하는 크낙새는 딱따구리 종류 중 가장 크며 100~300년 된 오리나무나 서어나무 같은 큰 나무에 구멍을 뚫어 둥지를 틀었다. 그러나 커다란 나무가 부족해지고 서식지가 파괴되면서 크낙새는 멸종했다. 둥지를 만들 큰 나무가 사라지자 크낙새는 안정적으로 알을 낳고 새끼를 기를 수 없었고 포식자에게 쉽게 노출됐다. 크낙새는 1993년 광릉수목원에서 마지막으로 목격된 뒤 발견되지 않고 있다.

크낙새가 만든 둥지는 다른 생명들에게도 중요했다. 크낙새가 떠난 둥지는 오리를 비롯한 다른 동물들이 이어 사용했다. 그렇다면 크낙새가 사라진 지금 다른 딱따구리들은 안전할까?

딱따구리는 나무를 쪼아 벌레를 잡는 일만 하지 않는다. 딱따구리들이 만든 둥지는 숲의 다른 생명들에게도 중요한 보금자리가 된다. 딱따구리들은 둥지를 사용한 뒤 다시 그 둥지로 돌아가지 않고 매년 새로운 둥지를 튼다. 딱따구리들이 떠난 둥지는 다람쥐나 후투티 같은 다른 동물들이 이용한다.

사람에게도 안전한 집은 꼭 필요하다. 밤에 편히 쉴 수 있고 안락함을 느낄 수 있는 공간이 필요하듯 숲에 사는 동물들도 안정적인 둥지가 필요하다. 안전한 둥지가 있어야 새끼를 낳고 기를 수 있기 때문이다. 그러나 숲이 점점 사라지고, 신경독성 물질이 신경계를 마비시켜 죽이는 방식인 네오니코티노이드 계열 살충제를 사용하면서 벌이나 나비를 포함한 많은 벌레들이 죽어 먹이마저 줄어들고 있다. 레이첼 카슨은《침묵의 봄》에서 살충제가 아니라 '살생제'라 불러야 한다고 했다. 먹이를 구할 수 없고 둥지 틀 나무가 사라진다면 숲에 사는 작은 동물들도 생존을 위협받게 된다.

2024년 봄에 경상남도 함양군 상림공원에서 흥미로운 광경을 목격했다. 공원 안 다볕당 주변 커다란 졸참나무에 작은 구멍이 보였다. 봄에는 다람쥐가 그 구멍에서 새끼를 키웠고, 늦봄이 되자 후투티가 찾아와 다람쥐가 떠난 둥지에서 새끼를 키우고 있었다. 자연은 소유를 주장하지 않는다. 앞서거니 뒤서거니 자원을 공유하며 순환하고 있었다.

숲과 물, 그 야생성의 오염

조선은 산과 숲, 하천을 개간해 농지를 만들고 그 이익을 백성이 누리게 하는 정책을 시행했다. 특히 고려 말 문익점이 목화를 들여오면서 보급된 무명은 조선 시대 생활에 커다란 영향을 준다. 백성들은 질기고 따뜻한 옷을 얻었고, 돛을 면포로 만들면서 배는 더 커지고 빠르게 움직일 수 있었다. 면포는 조선에 부를 안겨 줬고, 외교력까지 높아질 수 있게 뒷받침했다. 목화 수요가 늘어나면서 목화를 재배할 수 있는 곳은 밭으로 변해 갔다. 화전을 만드느라 숲은 밭으로 변하고, 습지는 둑을 쌓아 논으로 변했다. 마을이 생겨나고 길이 만들어졌다. 그러자 물가와 숲이 지닌 야생성은 점차 사라졌고, 물가를 터전으로 삼아 살아가는 나무들도 서식지를 잃어갔다. 물가를 좋아하는 오리나무 같은 나무들이 마주한 경쟁 상대는 다름 아닌 인간이었다. 인간하고 경쟁해서 나무가 이길 가능성은 없다.

범조차도 먹이가 풍부한 물가에서 쫓겨나거나 쫓겨나지 않았다면 사냥 당했다. 결국 범은 깊은 산속으로 밀려났다. 우리가 익숙하게 떠올리는 '범은 산에 산다'는 이미지는 사실 서식지를 잃고 인간에게 밀려난 결과다.

범도 설 자리를 잃은 상황에서 나무들이 서식지를 잃은 상황은 어쩌면 당연했다. 버드나무는 '가지를 거꾸로 꽂아도 산다'는 말이 있을 정도로 번식력이 강해 살아남을 수 있었다. 반면 버드나무보다 번식력이 약한 참느릅나무나 오리나무는 사람하고 경쟁에서 밀려나고 말았다.

조선시대 농경지는 꾸준히 확장됐다. 조선 초 100만 헥타르이던 농경지는 일제 강점기에는 450만~500만 헥타르로 증가했다. 무려 4, 5배에 달한다. 일부 산림이 농지로 변하기도 했지만 대부분 물가를 따라 개발했다. 사람들이 물가를 차지하면서 동물들은 깊은 숲으로 밀려났고 물가에 적응해 살아가던 나무들은 서식지를 잃고 사라져 갔다.

오리 날다

집오리는 머리가 짙은 녹색인 청둥오리를 가축으로 길들인 새다. 오리는 한자로 '압鴨'이라 표기하는데 압록강鴨綠江의 이름도 여기서 유래했다. 압록강은 청둥오리의 머리 색처럼 짙푸른 물빛을 품었다고 해서 붙은 이름이다. 한자 압은 육십갑자 중 첫째 천간인 갑甲과 새를 뜻하는 조鳥가 합쳐져 있는데, 많은 새들 중에서도 오리를 특별한 존재로 여겼다는 사실을 보여 준다. 하늘에서 날아와 물가에 머물다 다시 날아가는 오리를 하늘이 보낸 사자처럼 신성한 존재로 여겼다.

오리를 으뜸으로 여긴 또 다른 이유는 새끼를 많이 낳는 특성 때문이다. 농기계가 없던 시절, 가족은 모두 노동력을 보태어 농사를 지었다. 나도 초등학교 시절부터 밭일을 도우며 자랐다. 주말이면 밭에 나가거나 학교가 끝난 뒤 아궁이에 불을 지피며 가족을 도왔다. 그 시절에는 나이가 어려도 제 몫을 하며 살았다.

그런 시대에 한 번에 10개 정도 알을 품는 오리는 다산을 상징하는 중요한 존재였다. 다산은 고대 사회에서 개인과 공동체의 안정과 번영을 보장하는 핵심 요소였다. 오리는 풍요와 번영을 상징하는 의미 있는 새가 되었다.

농경 문명은 나무를 기반으로 발전했다고 해도 지나친 말이 아니다. 생활에 필요한 도구, 집, 창고 등 많은 것이 나무로 만들어졌다. 그러나 나무는 불에 약했다. 불을 막으려고 사람들은 물고기 모양을 한 풍경을 걸고 비를 상징하는 용을 그렸다. 또 바다를 상징하는 소금을 단지에 넣어 화마를 막으려 했다. 불은 문명을 만드는 데 필수적이면서도 동시에 파괴적인 존재였기에 경계해야 할 대상이었다. 그리고 무서운 불을 이길 수 있는 것은 물, 바로 오리가 사는 환경이었다. 다산에 이어 오리를 동경한 또 다른 이유였다.

오리는 사람들에게 다산과 신성함과 안전을 상징하는 특별한 새였다. 오리나무는 그런 오리가 깃들어 살던 나무다. 그러나 하천 주변에서 살아야 하는 오리나무는 인간의 활동에 밀려 점차 사라졌다. 이뿐만이 아니다. 강과 지류는 자연스럽게 흐르지 못하고 시멘트로 둑을 쌓아 일직선으로 흐른다. 그리고 둑 안쪽에 자라는 나무들을 주기적으로 베어낸다. 이런 하천 관리 방식은 자연스러운 물가 환경을 훼손하며 나무하고 함께 살아가는 수많은 생명체의 서식처도 위험에 빠뜨린다.

텃새가 된 오리나 철새로 찾아오는 오리가 사는 물가가 더는 훼손되지 않기를 바란다. 오리가 행복하게 자맥질하며 수달이 유려한 몸짓으로 물살을 가르는 강. 오리나무, 버드나무, 참느릅나무가 아름드리 자라고, 나무 둥지에서 새끼 오리들이 뛰어내리는 강. 그런 강에서 깃을 치며 힘차게 날아오르는 오리를 꿈꾼다.

오리나무속 나무나 콩과 식물은 특별한 능력이 있다. 뿌리혹박테리아하고 공생하는 능력이다. 주로 땅에 있는 세균인 뿌리혹박테리아는 콩과 식물에 기생해서 뿌리에 혹을 만들고 공기 중에 있는 질소를 끌어와 혹에 저장한다. 질소는 모든 생명체가 성장하고 열매를 맺는데 물, 햇빛하고 더불어 가장 중요한 요소라고 해도 지나치지 않다. 그래서 살아 있는 모든 생명체들은 질소를 얻으려고 필사적으로 노력을 기울인다.

우리 조상들도 비료가 발명되기 전에는 밭이나 논에 뿌릴 질소를 얻으려고 질소가 풍부한 똥오줌을 모아서 거름으로 사용했다. 뿌리혹박테리아하고 함께 사는 오리나무는 태어나면서 금수저를 물고 태어났다고 할 수 있다.

그렇지만 자연은 모든 것을 다 주지 않는다. 세균과 공생으로 질소를 어렵지 않게 얻지만, 숲이 확장되면서 햇빛을 마음껏 얻지 못하면 오리나무는 살아가기 어렵다. 그래서 햇빛 경쟁이 심한 오래된 숲에서는 숲 가운데가 아니라 숲 가장자리나 물가에서 살아간다. 금수저를 물고 태어났지만, 모든 땅을 차지할 수 없었다.

버드나무

물과 버들이 부르는 노래

버들, 경계에 살다

버들은 황무지나 건조한 땅에는 뿌리 내리지 않는다. 대신 냇가나 강가, 둠벙이나 둔치처럼 물이 있는 곳이라면 어김없이 나타나 자리를 잡는다. 물이 있는 곳이면 어디서나 살아가는 버드나무는 물과 불가분의 관계에 있다. 물이 버드나무이고, 버드나무가 곧 물인 셈이다. 버드나무는 물가에서 가장 성공한 종이라 할 수 있다. 산에서는 참나무가 숲의 우점종이라면 물가에서는 단연 버드나무가 대표적이다.

버들은 물가에 흙을 단단히 붙잡아 주고, 물을 정화하며, 물속 작은 생명들에게 먹이를 제공하고, 숨을 곳을 마련해 준다. 큰물이 나서 물가에 사는 개미나 노래기 같은 작은 생명들이 위험에 처할 때 버드나무는 도피처가 된다. 이렇게 버들은 물속과 물가 생물들하고 긴밀한 관계를 맺으며 살아간다.

버드나무가 터전으로 삼는 물가는 물과 뭍의 경계로 위험한 공간이다. 물과 뭍이 지닌 이점을 함께 누릴 수 있지만, 동시에 양쪽의 위험을 감당해야 하는 공간이기도 하다. 물가는 큰비가 내리면 순식간에 물에 잠기고, 장마가 길어지면 한 달 넘게 물속에 잠긴 상태로 지내기도 한다. 물에 잠기면 물살을 견뎌야 하며, 뿌리로는 호흡이 어려워 줄기나 가지에서 공기뿌리를 만들어 숨을 쉰다.

물가는 비옥한 땅으로 사람들이 살거나 농사를 짓기에 이상적인 조건이다. 비가 오면 물에 잠겼다가 물이 빠지면 흙이 드러나는 습지는 농업에 특히 유리하다. 이런 이유로 물가는 사람과 나무가 경쟁해야 하는 치열한 공간이 됐다.

주로 물과 뭍이 만나는 경계에서 살아가는 버드나무는 전 세계에 43속, 500여 종 이상이다. 한국에는 버드나무속, 사시나무속의 나무가 산다. 버드나무속에는 버드나무, 능수버들, 왕버들, 호랑버들 등 흔히 우리가 버들 혹은 버드나무라 부르는 나무들이 포함된다. 사시나무속에는 은백양나무, 양버들, 이태리포플러, 미루나무, 황철나무, 사시나무, 은사시나무가 있다.

버드나무, 토끼나무?

이름의 유래를 탐구하는 과정은 무척 소중하고 의미 있다. 나무 이름이 어떻게 불리게 됐는지 알아가는 일은 자연으로 다가서고 이해하는 일이다. 버드나무 한자 이름이 딱 이런 사례여서 소개하려고 한다.

버드나무는 한자로 버들 류柳나 버들 양楊을 쓴다. 류는 나무 목木변에 토끼 묘卯를 써서 한자 그대로 풀이하면 '토끼나무'지만 십이지 중 네 번째 자리를 뜻하기도 한다. 묘시는 오전 5~7시를, 묘월은 음력 2월을 뜻한다. 왜 버드나무를 묘월, 음력 2월의 나무로 여겼을까? 음력 2월은 양력 3월로 꽃이 피는 식물을 찾기 어려운 시기다. 아직 겨울을 채 벗어나지 못한 3월에 버드나무는 이미 꽃을 피우고 지기를 반복한다.

사람들은 꽃이 피었다는 사실조차 알아채지 못한다. 바람으로 꽃가루를 날리는 풍매화라 꽃잎이 없기 때문이다. 꽃은 생식기관으로 단백질, 당, 아미노산, 탄수화물 등이 포함된 영양 덩어리다. 꽃가루 중에 일부는 암꽃을 만나 수정하지만 대부분 꽃가루는 땅과 물 위로 떨어진다. 영양가 높은 꽃가루는 겨우내 굶주리던 생명체들에게 신의 양식이나 마찬가지다. 이런 자연의 흐름을 오래전에 깨달은 누군가가 음력 2월, 묘월의 나무라는 이름을 버드나무에게 붙였다. 이는 버드나무 한자에 토끼 묘가 들어간 이유를 고민하다 보니 얻은 결론이다.

양력 3월 12일 갯버들에 꽃가루를 찾은 꿀벌

한편 사시나무속 나무들은 '버들 양'을 쓴다. 나무 목 변에 볕 양陽을 쓰는데 나무가 자라는 기세가 해를 가릴 정도로 크고 높다는 의미에서 붙은 이름이라고 한다.

사진 속 나무는 잔가지에 털이 많고, 어긋나기인 모습을 보니 갯버들이다. 3월 12일, 음력으로 2월. 아직 찬 기운이 남아 있는 어느 계곡 골짜기에서 꿀벌이 노란 꽃가루를 다리에 매달아 모으고 있다. 겨울 동안 굶주린 벌뿐 아니라 파리도 버들꽃을 찾아왔다. 곤충들은 꿀과 꽃가루를 먹으며 짝을 찾고 새끼를 낳는다. 새들은 곤충을 잡기 위해 바삐 움직인다. 눈보라와 얼음에 멈춰 있던 생태계의 시계가 다시 째깍째깍 움직이기 시작하는 순간이다.

버들강아지에 핀 꽃을 보면 하얀 수술대 위로 빨간색, 노란색, 검은색이 보인다. 빨간색은 꽃밥이 터지기 전, 노란색은 꽃밥이 터져 나온 꽃가루, 검은색은 꽃가루가 모두 날아간 텅 빈 꽃가루주머니다. 사진 속 갯버들꽃에 검은색 꽃가루주머니가 많은데 이미 3월 12일 이전에 꽃이 피었고 꽃가루는 대부분 바람을 타고 날아갔음을 알 수 있다. 묘월의 나무, 토끼나무인 버드나무는 이미 번식을 위한 준비를 조용히 끝마쳤다.

토끼달의 나무들

버드나무속 학명은 '샐릭스Salix'로 라틴어로 '물가에 산다'는 뜻
이다. 이름에서 알 수 있듯이 물과 버들은 깊은 관계를 맺고 있다.
버드나무속 나무 중 버드나무, 왕버들과 호랑버들, 수양버들과 능
수버들, 키버들과 갯버들을 살펴보려고 한다.

버드나무

버드나무 이름은 물이 풍부하고 흙이 비옥한 물가에서 가지와
뿌리가 쭉쭉 잘 뻗어나간다고 해서 붙여졌다고 한다. 가지는 증산
작용을 돕기 위해 뻣뻣하지 않고 낭창낭창하며 바람에 부드럽게
흔들린다. 살랑살랑 흔들리는 가지는 강물을 스치고 주변의 풀과
나무도 부드럽게 어루만진다. 그래서 '부들부들한 나무'라 부르다
가 발음이 변해 '버들'이 되었다는 이야기도 있다.

버드나무 서식지를 살펴보자. 주로 물가 근처인 둔치에서 자라
고 묵논에서도 자란다. 묵논은 화전민들이 떠나면서 방치돼 습지
로 변한 곳이다. 지리산을 오르다 보면 예전에 논이던 곳에서 자라
는 버드나무를 흔히 만날 수 있다. 집터 주변에는 호두나무, 감나
무, 초피나무가 서 있고, 묵논에는 버드나무가 숲을 만들고 있다.
버드나무는 추운 지방에서도 잘 자란다. 시베리아에서 자작나무
하고 함께 널리 분포하고 있고 블라디보스토크와 한반도를 포함
하는 동북아시아 지역이 주요 서식지다.

그래서 제주도에는 버드나무가 거의 없다. 한랭 기후를 좋아하는 탓에 아열대성 기후인 제주도에서는 버드나무 만나기는 쉽지 않다. 어릴 적 나는 제주도 사투리로 냇가를 말하는 내창에서 살다시피 놀았지만, 버드나무는 전혀 기억에 없다. 친구들하고 헤엄치고 개구리를 잡으며 놀던 내창 가장자리에는 왕버들이나 버드나무가 아니라 구실잣밤나무가 자랐고 바위틈에는 갯버들 대신 구슬꽃나무(중대가리나무)가 뿌리를 내리고 있다. 물에 닿은 중대가리나무 뿌리 아래 손을 넣으면 항상 개구리 두세 마리가 튀어나왔고 우리는 쫓아가서 잡았다.

버드나무의 특징을 살펴보자. 잎차례는 어긋나기이고, 나무초리에는 털이 없다. 버드나무는 키가 큰 나무다. 그런데 키가 작은 어린 시기에는 잎이 비슷하게 생긴 갯버들하고 구별이 어렵다. 그렇지만 나무초리에 털을 확인하면 간단하게 정리가 된다. 버드나무는 털이 없지만 갯버들은 털이 많다.

벌레집도 나무를 구분할 때 도움이 된다. 식물마다 찾아와서 알을 낳는 작은 곤충들은 정해져 있고 벌레집 모양이 벌레마다 다르기 때문이다. 가지에 낳는지 잎에 낳는지도 정해져 있다. 오른쪽 사진에 보이는 둥글둥글한 부분은 버드나무순공혹파리혹 애벌레가 사는 벌레집이다. 이런 벌레집은 주로 버드나무에서 발생하며, 겨울철에 버드나무를 알려 주는 단서가 된다. 작은 곤충이 알을 낳으면 식물은 자기 몸을 변형시켜 알에서 부화한 애벌레가 자라는 장소를 마련하고 먹을 것을 공급해 준다. 사람들은 벌레집에 있는

털이 없는 버드나무 새순

버드나무순공혹파리혹

애벌레가 식물에 기생하면서 나무에 해를 입힌다고 한다.

그런데 한쪽은 이익을 얻지만 다른 쪽은 해를 입는다는 뜻인 기생이라는 말은 사람들이 이해하기 힘든 자연 현상을 설명하려고 만든 개념이다. 이를 이익과 손해라는 기준으로 설명하면서 선악을 가르게 된다. 그러나 생각해 보면 자연에서 기생이란 살아남으려고 서로 이용하고 이용당하는 일이다. 기생 관계에서 견제와 균형이 생기고 진화도 일어난다. 분명히 알고 구분하는 일은 좋지만 옳고 그름으로 나눌 수는 없다.

예를 들어 사람은 성인 기준으로 기생충이나 대장균 등 몸에 기생하는 생명체가 1.5킬로그램 정도 된다고 한다. '내 몸에 기생하는 나쁜 놈들이 저렇게 많다니 저놈들만 없으면 몸무게도 줄어들고 좋겠다'고 여길 수 있지만 기생하는 균이나 기생충이 없으면 우리도 살지 못한다. 인간 몸은 외부 환경에 적응하며 살아가지만, 내부에 기생하는 균에도 저항하면서 면역 체계를 만들기 때문이다. 자가면역질환은 몸을 공격하던 내부의 균이 사라지면서 면역 체계가 방향을 잃고 엉뚱하게도 자기를 공격하기 때문에 생긴다. 기생하는 '나쁜' 균이 우리를 살리고 있었다. 나쁜 의미로 사용하는 기생충은 일방적인 기생이 아니라 서로 이익이 되는 공생이었다.

버드나무와 벌레집처럼 자연에서 일어나는 현상을 사람의 관점이 아니라 서로 간에 견제를 통해 균형을 이루고 더 나은 방향으로 나아가는 생존법이라는 방식으로 해석하다 보면 자연을 보는 새로운 눈을 키울 수 있다. 이렇듯 나무를 관찰하는 일은 우리의

잎맥이 흐린 왕버들

잎맥이 또렷한 호랑버들

좁은 시야에서 벗어나는 일이기도 하다.

왕버들과 호랑버들

왕버들은 버드나무 중에서 가장 키가 크고, 몸집이 커서 붙은 이름이다. 호랑버들은 겨울눈이 범의 눈처럼 부리부리하다는 데서 유래했다. 겨울철 호랑버들 앞에서 범의 눈을 닮아서 붙은 이름이라고 하면 사람들은 '아하' 하며 쉽게 받아들인다.

한국에서는 호랑이를 원래 '범'이라 불렀다. '호랑'은 범 호虎와 이리 랑狼이 결합한 말로 범이나 이리 등 사나운 육식 맹수를 뜻하다가 접미사 '이'를 붙여 범을 뜻하는 말로 좁혀졌다. 한자어인 호랑이보다 더 오래전부터 쓰던 우리말인 범이 더 자연스럽고 적절하다고 생각한다. 호랑버들의 이름도 범버들로 되돌려야 하지 않을까 한다.

서식지를 살펴보자. 왕버들은 물 흐름이 느린 곳이나 저수지 주변에서 잘 자란다. 반면 호랑버들은 산 정상처럼 물이 부족한 곳에서도 잘 살아간다. 버드나무와 물은 떼려야 뗄 수 없는 관계이지만 호랑버들은 특이하게도 건조한 환경에서도 잘 살아간다. 노아의 홍수처럼 오랜 시간 물에 잠기면 아무리 버드나무라 해도 생존하기 어렵다. 오랜 지구 역사 속에서 많은 극한 환경을 겪으며 호랑버들은 높은 산과 건조한 환경에도 견디는 힘을 축적한 듯 보인다. 그런데 산지 도랑에서는 두 종이 함께 자생하기도 한다. 그럴 때는 잎맥으로 구분할 수 있다.

고리봉 정상에 사는 호랑버들

왕버들과 호랑버들 새순은 붉은빛이다. 왕버들과 호랑버들 잎은 날렵하고 길쭉한 일반적인 버드나무 잎하고 다르게 평범하다. 그래서 잎만 보고는 버드나무속인 줄 알기 어렵다. 두 나무만 비교하면 왕버들 잎은 부드럽고 잎맥이 뚜렷하지 않은 반면 호랑버들 잎은 억세고 잎맥이 또렷하다.

호랑버들은 꽃이 특이하다. 갯버들과 키버들은 작은키나무여서 눈높이에서 버들강아지와 꽃이 보인다. 그런데 다른 버드나무들은 꽃을 알아보기 어렵다. 나무에서 초록 물이 올라오는가 싶더니 꽃은 온데간데없고 잎이 나고 하얀 열매가 날린다. 그래서 사람들은 하얀 열매를 보고 꽃가루가 날린다고 생각한다. 초록 물이 오르는가 싶은 연둣빛이 살랑거릴 때가 바로 꽃이 핀 때다. 키 큰 버드나무 꽃을 보기 어려운 이유이다. 그런데 3, 4월에 지리산을 오르면 동글동글하고 노란 호랑버들 꽃이 나무 한가득 피어 있는 모습을 볼 수 있다. 멀리서도 무슨 꽃인지 사람들을 궁금하게 만드는 노랗고 동그란 꽃이 호랑버들 꽃이다.

수양버들과 능수버들

이름부터 살펴보자. 수양버들은 중국 수나라 양제가 홍수를 방지하기 위해 심었다는 설, 단종을 죽이고 왕위에 오른 수양대군의 이름에서 이름이 유래했다는 설 등이 있다. 그런데 한자는 수나라의 '수隋'가 아니라 '드리워질 수垂'를 쓴다. 이름에서 유래를 추정한 이야기들일 뿐 명확한 근거는 없다. 수양버들 이름은 한자 뜻 그대

털이 없고 대체로 마주나기지만 어긋나기도 있는 키버들

털이 많고 어긋나기인 갯버들

로 '드리워진 버드나무'에서 비롯된 것으로 보인다. 능수버들은 가지가 축 처진 상태에서 유래했다고 한다. '능수'는 능수쇠뜨기나 능수벚나무처럼 가지가 아래로 늘어진 상태를 가리키는 말로도 쓰인다. 능수버들도 '가지가 축 늘어진 버드나무'라는 뜻에서 비롯됐다.

수양버들과 능수버들은 매우 비슷해 구분하기가 힘들다. 원산지가 수양버들은 중국인 반면 능수버들은 자생종이다.《한국의 나무》(김진석·김태형, 2012)에서는 암꽃과 수꽃의 털이 밀생하는 특징 말고 두 나무를 구분할 수 있는 뚜렷한 형질이 없다고 한다. 그래서 능수버들을 수양버들에서 발생한 개체 변이로 보는 견해도 있다. 나도 몇 년 동안 꽃이 피는 봄마다 두 나무를 관찰했지만, 아직도 명확한 구분은 어렵다.

키버들과 갯버들

물가에는 키가 큰 버드나무와 함께 작은 버드나무들도 살아간다. 우리가 주로 보는 작은 버드나무는 키버들과 갯버들이다. 이름부터 살펴보자. 키버들은 어릴 적 오줌을 싸면 머리에 쓰고 소금을 얻으러 갔다던 '키'를 만드는 데 쓰던 나무에서 유래했다고 한다. 갯버들은 갯가에 사는 버드나무를 뜻한다.

나무초리와 잎차례를 살펴보자. 키버들은 나무초리에 털이 거의 없고, 가지와 잎이 대체로 마주난다. 가지 아래쪽은 마주나기도 있지만 어긋나기도 한다. 한 개체에서 마주나기와 어긋나기가 함께 나타나는 점은 매우 독특한 특징이다. 한국에서 자라는 버드나무 중에서 가지와 잎이 마주나는 나무는 키버들밖에 없을 정도다. 이에 비해 갯버들은 가지하고 잎이 어긋나기다. 키가 작고 나무초리에 털이 많다. 키버들과 비슷한 환경에서 자라기 때문에 둘이 헷갈리기 쉽지만 털의 유무, 가지의 마주나기와 어긋나기라는 특징을 통해 쉽게 구분할 수 있다. 키버들은 털이 거의 없지만 갯버들은 털이 많다.

키버들과 갯버들은 겨울철에 겨울눈을 감싸던 비늘이 벗겨지며 뽀송뽀송한 하얀 털이 보인다. 마치 싱그럽고 부드러운 강아지 털처럼 보이며 손끝으로 만지면 부드러움이 그대로 전해진다. 그래서 버드나무에서 강아지 꼬리를 떠올려 버들강아지라고 부른다.

갯버들은 키가 작은 나무인데도 그늘을 싫어한다. 그래서 키가 큰 나무하고 함께 냇가 가장자리에서 살기는 하지만 해가 잘 드는 쪽으로 좀 더 들어간다. 건조하지만 오롯이 해를 받을 수 있는 냇가 한가운데 바위에서 사는 갯버들도 종종 보인다. 그래서 큰물이 나면 가지가 찢겨 떠내려간다. 찢긴 갯버들 가지는 물에 떠내려가다 물가에 닿으면 뿌리를 내리고 새로운 나무가 되어 살아간다. 호프 자런은 《랩걸》에서 하천을 따라 천천히 내려가다 만나는 버드나무를 크기나 위치, 굵기가 달라도 유전적으로 동일한 나무, 즉 '도플갱어'라고 묘사했다.

떨려야 사는 사시나무속

사시나무는 속명이 포플러스Populus로, 라틴어로 '민중'을 의미한다. 이 이름은 나무가 크고 그늘이 넓어, 사람들이 아래에 모여 집회를 열던 데서 유래했다고 한다. 버드나무과 사시나무속 나무들 중에 사시나무, 은백양나무, 은사시나무, 미루나무와 양버들, 이태리포플러를 살펴보려고 한다.

사시나무와 판도 숲

사시나무를 '파드득나무'라고도 부르는데 이는 가느다란 나무 초리에 달린 긴 잎자루 끝에서 마름모꼴 나뭇잎이 작은 바람에도 파르르 떠는 모습에서 유래했다고 한다. 오한이 들어 오들오들 떨거나 공포에 질려 덜덜 떠는 모습과 비슷해 '사시나무 떨 듯하다'는 표현도 생겨났다. 그러나 사시나무는 작은 바람에 쉽게 흔들리지만 잎은 잘 떨어지지 않는다. 비밀은 잎자루에 있다. 납작하고 긴 잎자루는 야무지게 가지와 잎을 이어 준다. 얼마나 질긴지 손으로 당겨 보면 마치 얇은 가죽을 당기는 느낌이 든다.

사시나무는 바람이 조금만 불어도 다른 나무들하고 달리 혼자서 살랑살랑 움직인다. 세기가 같은 바람에도 다른 나무들은 가만히 있는 반면 사시나무는 잎자루가 발달해 파르르 흔들린다.

사시나무 잎이 흔들리는 이유를 밝히기 위해 학자들은 소나무, 자작나무, 참나무 종류와 사시나무 종류를 비교 실험했다. 바람이 없는 환경을 조성해 실험해 보니 소나무류는 증산량이 포플러류보다 약 5배 많다는 결과가 나왔다. 사시나무는 물을 빨아올리는 능력이 떨어진다는 뜻이다. 물을 많이 끌어올리지 못하면 광합성이 불리하고, 무기물을 얻는 데도 어려움이 있다.

사시나무는 이런 불리한 조건을 어떻게 극복했을까? 진화는 방향이 없다. 복잡해지기도 하고, 단순해지기도 한다. 그렇지만 공통점은 가장 두려운 것을 극복하는 방향으로 간다는 점이다. 사시나무의 두려움은 물을 끌어올리는 능력이 약하다는 점이다. 소나무 종류인 바늘잎보다 증산 능력이 부족하다니 더 이상 설명이 필요 없다. 극복하지 못하면 멸종이다. 그래서 다른 나무보다 특별한 능력이 필요하다. 사시나무가 걸어간 진화의 방향은 잎자루였다.

질기고 긴 잎자루는 얇기도 얇아서 약한 바람에 쉽게 흔들린다. 적당한 바람이 빨래를 빠르게 말리는 원리로 작은 바람에도 잎을 흔들어 증산을 도왔다. 다른 나무들은 가지가 흔들려 잎이 움직이지만, 사시나무는 잎자루 자체가 발달해 가지가 흔들리지 않아도 잎이 움직인다. 파르르 떠는 모습은 어서 오라고 하는 손짓처럼 보이기도 하지만 생존을 위한 투쟁의 흔적이고 결과물이다.

미국 유타 주에 판도^{Pando} 숲이 있다. '판도'는 라틴어로 '나는 퍼져나간다'는 뜻이다. 이름처럼 넓게 퍼져 있는 이 숲은 놀랍게도 사시나무 한 그루로 만들어져 있다. 이 나무는 뿌리에서 끊임없이 맹아지를 내어 숲을 형성하고 있으며 무려 8만 년 동안 생명을 이어 왔다고 한다. 이 나무 한 그루가 차지하는 면적은 43헥타르, 자

라는 나무 수는 약 4만 7000그루, 무게는 590만 킬로그램에 이른
다. 모든 유전자가 동일한 이 군체는 살아 있는 유기체 중 가장 무
거운 생명체로 알려져 있다.

그러나 지금 이 나무는 어려운 상황에 처해 있다. 판도 숲 주변
에는 오래전부터 고속도로가 뚫리고 건물이 들어섰고 캠핑장도
만들어졌다. 인간이 숲으로 들어서면서 사나운 늑대가 사라지고,
늑대 같은 상위 포식자가 사라지면서 사슴 등 초식동물 개체수가
급격히 증가했다. 사슴이 어린나무와 풀을 꾸준하게 뜯어 먹으면
서 숲은 밀도가 점점 줄어들었다. 8만 년 동안 유지해 온 판도 숲
의 생태계가 무너지고 있다.

사시나무속 나무들은 병 들거나 불안할 때 맹아를 잘 내는 특
성이 있다. 한국 곳곳에 생기는 은사시나무 군락도 숲이 아니라 하
나의 유전자를 지닌 단일 개체일지도 모른다.

은백양나무

은백양나무는 한국 자생종이 아니다. 그러나 은백양나무는 자
생종인 사시나무와 교잡해 은사시나무를 탄생시킨 부모 나무 중 하
나다. 은백양나무는 은사시나무보다 훨씬 더 하얀 털이 많다. 잎 뒷
면에는 은사시나무보다 털이 빽빽하며 나뭇잎에 갈래가 특징이다.

은사시나무

은사시나무는 사시나무와 은백양나무의 교잡종이다. 부모 나

나무초리가 하얀 은사시나무

———————————

나무초리가 붉은 자작나무

무인 사시나무는 잎과 잔가지에 털이 없고, 은백양나무는 하얀 털이 많다. 이 두 나무의 특징을 물려받은 은사시나무는 작은 바람에도 하염없이 흔들리는 잎과 흔들릴 때 언뜻언뜻 보이는 잎 뒷면에 있는 하얀 털 덕분에 마치 흰 꽃이 흔들리는 모습으로 보인다.

은사시나무는 하얀 줄기가 아름다워 뉴질랜드에서도 수입해 심을 정도로 주목받고 있다. 그러나 한국에서 은사시나무는 상대적으로 주목도가 떨어진다. 많은 사람들은 하얀 나무를 보면 대부분 자작나무를 떠올린다. 그러나 고속도로를 달리다 하얀 나무 한 무리를 본다면 자작나무가 아니라 은사시나무일 가능성이 훨씬 높다.

자작나무와 은사시나무를 구분하는 방법은 의외로 간단하다. 자작나무는 잔가지에 붉은빛이 돌며 줄기만 하얗다. 반면 은사시나무는 잔가지 끝까지 하얀 털로 덮여 있어 전체적으로 하얗다. 무리지어 자란 하얀 나무가 전체적으로 하얗게 보이면 은사시나무이고 가지 끝이 붉다면 자작나무다.

미루나무와 양버들, 이태리포플러

이태리포플러는 양버들과 미루나무가 교잡해 생긴 종이다. 지금 한국에는 양버들이나 미루나무보다 이태리포플러가 더 많이 자라고 있다.

어릴 적 교과서에 실린 신작로 그림에 나오는 길쭉한 나무가 떠오른다. 그 나무를 미루나무라고 부르고 '미루나무 꼭대기에' 하는

양버들
이태리포플러

동요 〈흰 구름〉 노래도 많이 불렀지만 실제로는 양버들이다. 미루나무는 미국이 원산지로 일제 강점기에 가로수로 많이 심었고 지금은 거의 남아 있지 않다. 일본을 통해 들어왔지만 이름과 나무가 섞이면서 미루나무와 양버들, 이태리포플러를 지금도 구분하기 어려워한다.

이태리포플러와 양버들을 구분하는 방법은 이태리포플러는 가지가 위나 옆으로 넓게 뻗는 모양인데, 양버들은 가지가 위로만 뻗어서 빗자루를 뒤집은 모양이다.

양버들은 서양에서 들어온 버드나무라는 뜻이다. 이태리포플러는 양버들과 미루나무가 교잡해 만든 나무다. 이탈리아를 통해 한국에 들어왔기 때문에 이런 이름이 붙었다.

두 나무 모두 한국에서 자라는 나무보다 키가 크다. 아이들을 줄 세웠을 때 키 큰 아이를 보고 머리 하나가 더 크다고 말한다. 양버들과 이태리포플러가 딱 머리 하나가 더 큰 모양새라고 보면 된다. 물을 좋아해서 하천 변에 주로 자란다. 물가에서 다른 나무보다 훨씬 큰 나무가 보이면 양버들이나 이태리포플러라고 여기면 된다. 빗자루처럼 홀쭉하면 양버들이고, 항아리처럼 퍼져 있으면 이태리포플러다. 자라는 속도가 빨라서 단단하지 않은데 키가 커서 태풍에 약하다.

신화와 역사 속 버드나무

다시 버드나무 이야기로 돌아가 보자. 버드나무는 건국 신화에서 뚜렷한 존재감을 드러낸다. 고구려를 건국한 주몽의 어머니 유화부인, 고려를 세울 때 목마른 왕건에게 버들잎을 띄운 바가지를 건넨 장화왕후, 조선을 건국할 때 이성계에게 버들잎을 띄운 물을 건넨 신덕왕후가 그렇다.

고구려의 시조모이자 농사를 관장하는 곡모신穀母神인 유화부인 이름에는 버드나무가 담겨 있다. 강의 신 하백의 딸인 유화부인은 해모수를 만나 주몽을 낳는다. 강과 버드나무는 물을 생명의 근원으로 여기던 농경사회에서 매우 중요한 상징이었다. 버드나무는 곧 풍요와 생명의 연결고리였다. 고려 태조 왕건의 부인 장화왕후와 조선 태조 이성계의 부인 신덕왕후가 버들잎을 바가지에 동동 띄운 물을 태조에게 건네던 이야기는 신중함과 지혜를 드러내는 상징이다.

그렇다면 왜 하필 버드나무일까? 도토리가 열려 식량이 되고, 숯을 만들 수 있는 참나무나 약재로 쓰는 느릅나무도 있는데 나라가 세워지는 이야기에 버드나무가 등장할까? 한 나라가 망하려면 반드시 징조가 있다. 흉년이 들고, 전염병이 퍼지고, 온갖 부정부패가 만연해 혼란과 불신이 팽배해진다. 그런 상황에서 나라를 세우려면 먹을거리로 민심을 얻어야 한다.

먹을거리는 농사를 통해 얻어진다. 총과 칼은 집어넣고, 밭을

갈고, 무너진 성벽도 다시 쌓고, 피난 간 사람들도 다시 돌아와 밭
과 논을 일궈야 한다. 농사에서 가장 필요한 것은 물이다. 버드나
무는 물을 상징한다. 전쟁은 남자들이 치르지만 삶은 여성들이 이
어간다. 건국 신화에서 여성과 버드나무를 연결하는 이유다.

솜처럼 뭉쳐 돌아다니는 버들 씨앗

버들의 씨앗, 버들의 가지

사진 속 솜털처럼 보이는 것은 이불에 넣는 솜이 아니라 버드나무 열매다. 5월이면 시골에서 흔히 볼 수 있는 풍경이다. 버드나무 열매는 어미 나무에서 멀리 날아갈 수 있게 가볍게 진화했다. 민들레 씨앗, 박주가리 씨앗이 폴폴 날아가듯 버드나무 열매도 바람을 타고 훨훨 날아간다. 이 솜털은 습기를 머금어서 씨앗이 뿌리내리게 돕는다.

그런데 해마다 5월이면 바람에 날려 길가에 뭉쳐 있는 씨앗을 보고 사람들은 꽃가루라 여겨 지저분해 보인다며 민원을 넣는다. 가을이면 잎이 떨어지고, 봄이면 열매가 맺혀 씨앗이 날리는 일은 자연의 이치다. 그런데 버드나무만의 번식 전략을 이해하지 못하고 불편하게 여기는 일은 인간이 나이 먹고 늙어가는 일을 부정하는 일이나 같다.

식사한 뒤 하는 양치질은 '양지楊枝질'에서 유래한 말이다. 양지는 버드나무 가지라는 뜻이다. 예전에는 버드나무 가지 끝을 으깬 뒤 이를 쑤셨다고 한다. 버드나무에는 해열 진통 효과를 내는 살리실산이 많이 들어 있어 치아 관리에 효과적이었다.

숲을 가다가 바닥에 떨어진 버드나무 가지를 자세히 들여다보면 작은 이빨 자국을 발견할 수 있다. 하늘다람쥐가 먹고 간 흔적이다. 하늘다람쥐는 버드나무 겨울눈을 똑똑 따 먹거나 껍질을 벗겨 먹는다. 먹을 것이 부족한 겨울철에 이런 흔적을 종종 발견할

양치질하던 버드나무

하늘다람쥐가 껍질과 겨울눈을 먹은 흔적

수 있다. 버드나무 아래에 떨어져 있는 가지들을 보면 근처 어딘가에 하늘다람쥐가 살고 있다는 사실을 알 수 있다.

멸종위기 야생생물 2급으로 지정된 하늘다람쥐는 활강하며 나무에서 나무로 이동한다. 그래서 갯버들이나 키버들처럼 키가 작은 나무에서는 활강하기 어렵기 때문에 크기가 크고, 숲하고 연결된 지역에서 먹이 흔적을 찾을 수 있다.

우리 머리 위 하늘을 활강하며 버드나무 사이를 이리저리 옮겨 다니는 하늘다람쥐. 통통한 겨울눈을 찾아 날아다니는 이 작은 동물이 언젠가 개체수가 늘어나 멸종위기종에서 해제되는 날이 오기를 바란다.

그네뛰기 시합을 연습하던 남원시 화산당마을 왕버들

버드나무 생명을 품다

왕버들 하면 대표적인 고전 연애 소설《춘향전》을 빼놓을 수 없다. 이도령이 춘향을 만나 사랑에 빠진 장소는 남원시에 있는 누각 광한루다. 내가 근무하던 산림복지업 회사는 2020년부터 2022년까지 전라북도 남원시에 있는 큰 나무들을 조사했다. 200~300년을 살아온 나무들 가운데 절반가량이 왕버들이었다. 남원시 도심은 양옆으로 물이 흐르고 배 모양을 닮은 지형이다. 풍부한 물과 평야 덕분에 왕버들이 살아가기 좋은 환경을 갖추고 있다.

남원시는 매년 5월 춘향제를 여는데 그네 타기 시합이 주요 행사 중 하나다. 옛날에는 허리에 줄을 메고 그네를 타는 데 가장 길게 줄을 푸는 사람이 1등이었다. 큰 나무를 조사하던 중에 만난 어느 마을 이장님이 추억을 들려줬다.

각 마을에서는 시합에서 이기려고 기술을 연마하며 열심히 연습했다. 마을 대표로 선발된 사람들은 마을 입구에 있는 왕버들에서 연습했다. 곧고 단단한 나무를 굵은 가지 양쪽에 묶어 땅과 수평이 되게 고정된 가로대를 만든다. 가로대에 두 개의 줄을 묶어 그네를 만든다. 그네가 가장 높은 공중에 오르는 순간 허리를 돌려 옆으로 튕기며 줄을 조금이라도 더 풀어내는 기술을 익혔다고 한다. 그네타기 시합은 선수도 중요하지만 그네를 매는 나무도 중요했다. 그래서 평상시에 산에 다닐 때도 왕버들 굵은 가지 양쪽에 매달아 둘 적당한 나무를 보아 두었다고 한다.

왕버들 뿌리가 붙잡은 흙에 올라간 아이

　그런데 사진 속 왕버들은 콘크리트와 하천의 시멘트 축대 공사로 뿌리에 큰 충격을 받은 모양이다. 그 탓에 생육이 나빠지며 가지가 하나둘씩 죽거나 부러졌고 나무 가운데는 휑하게 비었다. 한때 마을에서 춘향제 그네타기 선수가 연습하던 왕버들인데 힘이 많이 빠진 모습이다.

　남원 시내 동쪽을 흐르는 요천과 서쪽을 흐르는 광치천에는 버드나무가 없다. 광한루 안에만 수백 년 된 버드나무가 많을 뿐이다. 버드나무뿐만 아니라 다른 나무들도 보이지 않는다. 심어놓은 꽃들 말고는 사초만 무성하다. 내가 사는 운봉고원에는 람천이 흐른다. 지리산에서 내려오는 최상류 하천인 람천도 남원시 요천처럼 사초만 무성하고 나무는 없다. 씨앗이 날아와 자라던 버드나무가 조금씩 자라나면 곧 베어 버리기 때문이다.

　광한루 연못에 물이 들어오는 수로를 찍은 사진이다. 수로는 폭이 좁아 물살이 빠르지만, 그 옆에는 왕버들이 뿌리를 깊게 내려 흙을 단단히 붙잡고 있다. 아이들하고 생태 수업을 할 때 나는 아이들에게 수로 위를 직접 걸어 보라고 한다. 처음에 망설이던 아이들도 한 걸음씩 디디며 건너고 나면 물가나 산에 왜 나무가 있어야 하는지 굳이 설명하지 않아도 스스로 이해한 듯한 표정을 짓는다.

　왕버들 뿌리가 붙잡은 흙은 어른인 내가 올라서도 무너지지 않는다. 버드나무는 하천에서 흙을 잡아 주고, 다른 식물이 살 수 있는 환경을 만들어 준다. 이곳에서 식물은 물을 정화하고, 물속 생명들에게 숨을 곳과 먹이를 제공하며 하천 생태계를 만들어 간다.

물에 잠긴 버드나무

그렇지만 가장 기본이 되는 버드나무를 인간이 모두 베어 버리면서 하천에는 버드나무에 기대어 사는 곤충들도, 곤충을 먹으러 오는 새들도 사라진다. 관계들이 모두 끊어지고 사라진다.

버들치, 버들매치, 버들붕어, 버들개, 동버들개. 모두 버드나무에서 이름을 딴 물고기들이다. 버드나무하고 관계를 맺으며 살아온 흔적이 이름에 남아 있다. 이 중 버들치는 일급수 지표종으로 알려져 있지만 사실 그렇지 않다고 한다. 하천 중류나 하류에 있던 버드나무가 베어지고 사라지면서 버들치는 버드나무가 남아 있는 상류로 올라갈 수밖에 없었다. 그 모습만 보고 '버들치가 있는 곳은 물이 깨끗하다'고 오해하고 이 과정을 거꾸로 해석해 버들치를 일급수 지표종이라 부르고 있는 셈이다.

운봉고원을 흐르는 람천은 지리산 최상류 하천인데도 버들치를 찾아보기 힘들다. 버드나무가 없기 때문이다. 버드나무가 사라지면서 버들치가 살 수 있는 환경이 사라졌다. 람천만 문제가 아니다.

인간 몸도 그렇지만 버드나무, 조팝나무, 고양이, 개 등 모든 생명체는 약 70퍼센트가 물이다. 물이 없으면 생명은 존재할 수 없다. 물은 생명이 시작되는 근원이다. 물이 흐르는 하천이 건강하려면 버드나무를 중심으로 한 생태계가 건강해야 한다.

버드나무는 물을 정화하고 흐름을 조절하며 함께 사는 생명체들에게 피난처와 먹이를 제공하는 존재다. 그래서 버드나무는 반드시 존재해야 한다. 버드나무와 물은 서로를 품고 함께 노래를 부르며 생명의 이야기를 이어가야 한다.

물가를 정비한다며 생태적으로 꼭 필요한 나무들까지 베어 버리는 관행은 심각한 문제가 있다. 하천 바닥을 뒤엎고 시멘트 등으로 하천 주변을 보강하는 동안 하천에 사는 물고기나 수생식물들은 죽게 되고 물을 좋아해 하천 주변에 사는 나무나 식물도 영향을 받게 된다. 여울과 소를 만들며 자연적으로 울퉁불퉁하고 구불구불하게 흘러야 할 하천을 직선으로 펴고 사람들에게 안전한 산책로를 만드느라 인공적인 재료로 땅을 다지는 동안 그곳에서 살아가는 동식물이 얼마나 피해를 입는지 돌아봐야 한다.

2024년 3월, 전주시는 전주천과 삼천변에서 버드나무 330여 그루를 한꺼번에 벌목했다. 이 사건은 연일 방송과 신문에 보도됐다. 그렇지만 이 문제는 전주천에서만 있는 일이 아니다. 섬진강 유역, 남원시 요천, 구례시 서시천 등에서도 버드나무는 소리 소문 없이 잘려 나가고 있다. 하천을 일자로 정비하는 공사가 시작될 때마다 가장 먼저 베어지는 나무는 늘 버드나무였다.

전주시 하천변 나무들은 '1000만 그루 심기' 사업 때에도 한 차례 벌목당한 적이 있다. 그때는 주로 아까시나무를 제거하다가 이제는 버드나무마저 베고 있다. 자생하는 나무를 베고 다시 나무를 심는 일이 타당할까? 그때도 문제 제기가 있었지만, 지금은 논의조차 무색할 만큼 버드나무들은 조용히 사라지고 있다.

조선 후기부터 일제 강점기까지 '해수害獸 구제驅除'라는 정책이
있었다. 인간에게 해를 끼치는 동물, 특히 범, 표범, 늑대 등을 해
수로 정하고 제거하는 정책이었다. 그래서 결국 오늘날 한국에는
해수로 분류될 동물이 사라지게 됐다. 그런데 해수 구제가 끝난 자
리에 '해목害木 구제'라는 일이 또 벌어지고 있다.

대나무
대대손손 이어질 왕국을 만들다

차롱부터 깃대까지, 동네 뒷산 다이소

제주에서는 대나무로 생활에 필요한 물건을 만들었다. '차롱'이라 부르는 상자부터 아기를 재우는 '애기구덕'과 자갈을 치우거나 거름을 낼 때 쓰던 '골체'도 대나무로 만들었다. 결혼할 때는 신랑 집 올레 입구 양쪽에 대나무를 세우고 연결해 아치 모양 문을 만들기도 했다. 그 문에 오색 리본과 풍선을 달아 새각시를 맞이하는 환영의 의미를 담기도 했다.

죽순, 죽마, 활, 연, 채반, 키, 소쿠리, 갈고리, 김 양식까지 대나무는 생활 전반에 없어서는 안 되는 나무였다. 고무하고 플라스틱이 등장하기 전까지 생활용품은 대부분 대나무로 만들었다. 대나무는 오랜 세월 음식, 놀이 도구, 살림살이, 농기구, 무기 등 다양한 쓰임새로 사람들하고 함께 살아왔다. 소나무가 집을 짓는 묵직하고 견고한 재료라면 대나무는 일상 곳곳에서 가볍고 유용하게 쓰였다.

김종원 박사는 《한국식물생태보감》에서 대나무를 '일찍부터 인류에게, 그것도 일방적으로 지독하게 약탈당한 식물 자원'이라고 표현했다. 이 말은 대나무를 인간 생활에서 얼마나 많이 이용해 왔는지를 잘 보여 준다.

대나무 원산지인 중국 남부에서 대나무를 '텍'으로 부른다. 한국으로 넘어오면서 텍은 대나무로 발음이 바뀌어 이름이 됐다. 텍은 대나무를 불에 넣었을 때 '떽떽' 소리가 나는 데서 유래했다고

빽빽하게 자기들만의 숲을 만드는 대나무

보인다. 대나무를 뜻하는 영어 단어 뱀부^{bamboo}도 대나무가 터질 때 나는 소리를 반영한 표현이다.

어느 겨울 아궁이에 대나무를 넣었을 때 떽떽 소리가 귀를 찌를 정도로 크게 울렸다. 숲해설을 하며 이런 이야기를 나눴더니 죽은 대나무가 바람에 흔들릴 때 갈라지는 소리도 떽떽으로 들린다고 말해준 수강생도 있었다. 그 이야기를 듣고 나니 바람 부는 날 대나무 숲에 들어가면 댓잎이 사사삭 스치는 소리, 죽은 대나무가 갈라지는 떽떽 소리가 어우러지는 장면이 떠올랐다. 그리고 그 숲 어딘가에서 '임금님 귀는 당나귀 귀'라고 외치는 소리도 들려올지 모른다.

마디에 고리가 두 개인 왕대

하얀 가루가 묻어나오는 솜대

검은 색인 오죽

마디에 고리가 하나인 죽순대

대나무 삼 형제

대나무는 왕대속, 이대속, 조릿대속으로 분류되는데 한번 살펴
보자. 껍질이 없고 키가 큰 대나무는 흔히 왕대라고 부르는데 왕대
는 왕대속에 속하는 여러 대나무 중 하나다.

왕대속

왕대속에는 왕대, 솜대, 오죽, 죽순대 등이 있다. 왕대 속에서
줄기가 검은 색이면 오죽이고, 유난히 두꺼우면 죽순대다. 왕대와
솜대는 크기, 굵기, 껍질이 없는 점이 비슷해 같은 종이라고 혼동
하기 쉽다. 그렇지만 실제로는 서로 다른 종이다. 종이 다르다는
사실은 각기 생존 조건이 다르다는 의미다.

왕대는 크기가 커서 대나무 중에 왕이라는 뜻이다. 마디에 고리
가 두 개 있으며 줄기에는 때가 묻은 듯한 얼룩이 있다. 죽순 껍질
에도 비슷한 무늬가 있다.

솜대는 분죽이라고도 하는데 줄기에 묻어나오는 뽀얀 가루가
하얀 솜처럼 보인다고 붙은 이름이다. 마디에 고리가 두 개 있고
줄기에 하얀 분이 특징이다. 죽순 껍질은 갈색 털에 얇게 흰 가루
가 있어 뽀얀 느낌을 준다.

오죽은 까마귀처럼 검다고 까마귀 오자를 넣어 검은 대나무라
는 뜻이다. 마디에 고리가 두 개 있고, 첫해에는 줄기가 초록색이
지만 해가 갈수록 검은색으로 변한다. 작은 오죽은 정원에서 흔히

이대	조릿대
섬조릿대	제주조릿대

키운다. 오죽이 크면 솜대처럼 자란다. 그래서 솜대에서 나온 변종으로 생각하기 쉽지만 오죽이 원종이고 솜대가 변종이다.

죽순대는 맹종죽이라고도 한다. 눈물로 하늘을 감동시켜 죽순을 돋게 했다고 맹종설순孟宗雪筍 고사성어에서 온 이름이다. 중국 삼국시대 맹종은 병을 앓던 어머니가 한겨울에 죽순이 먹고 싶다고 해서 대나무를 찾아 헤맸지만 죽순을 구할 수 없어 눈물을 흘렸는데 지극한 효심 덕분인지 눈물이 떨어진 곳에 죽순이 돋아났다고 한다. 왕대속에 속하지만 마디에 고리가 하나만 있다. 관리되는 대밭에서 자라 죽순이 굵게 나오지만 관리되지 않고 빽빽하게 자라는 환경에서는 왕대 정도 굵기인 죽순이 나오기도 한다.

이대속

이대속에는 이대가 있다. 신우대 혹은 화살대로 불리기도 한다. 화살을 만들 때 사용했기 때문에 이대가 자라는 곳은 군사기밀로 여겼다. 키가 2~5미터 정도까지 자라며 왕대하고 달리 껍질이 있다.

조릿대속

조릿대속에는 약 250여 종이 있고 그중 약 200종이 동아시아, 35종이 일본에 분포한다. 조릿대, 섬조릿대, 제주조릿대, 고려조릿대를 살펴보려고 한다.

조릿대라는 이름은 쌀을 씻을 때 돌을 제거하던 조리를 만드는데서 유래했다. 조릿대를 잘라 삶고 말리고 엮는 과정을 거쳐 조리를 만들었다. 예전에는 쌀에 돌이 많이 섞여 있어 밥을 먹다가 돌을 씹어 치아가 손상되는 일이 잦았다. 그래서 조리로 쌀을 일어 건지고 밥을 지었다.

조릿대는 산죽이라고도 한다. 조릿대는 육지 숲에서 흔히 볼 수 있으며 그늘에서 잘 자라는 성질인 내음성이 강하다. 해발 800~1000미터 산지나 계곡에서 자라며 햇빛이 강하게 드는 곳보다 활엽수 아래 그늘을 좋아한다. 낙엽이 떨어져 빛이 잘 드는 가을이 조릿대가 가장 활발하게 광합성을 하는 때다.

조릿대 중 몇 가지를 알아보자. 자라는 지역에 따라 이름이 붙는 편이다. 섬조릿대는 주로 일본에서 분포하고 한국에서는 울릉도에서 자생한다. 제주조릿대는 제주에서 자생하며 잎 가장자리가 연한 갈색으로 말라 있다. 이는 포식자인 노루하고 말이 먹기 불편하게 만들어 생존에 유리하게 진화한 결과라고 여겨진다. 고려조릿대는 북한 지역에서 자생한다.

조릿대는 번식력이 강하고 그늘에서도 잘 자라 우점종이 되기 쉽다. 다른 대나무처럼 땅속줄기를 통해 넓은 지역에 걸쳐 퍼지기 때문에 한번 자리 잡으면 다른 식물이 들어오기 어렵다.

나무라는 이름의 풀

대나무로 유명한 전라남도 담양군 죽녹원에는 빽빽하게 자란 대나무들이 숲을 가득 메워서 빛조차 스며들기 어려울 정도로 어둡다. 덕분에 여름에는 주변보다 시원하다. 대나무는 군락을 만들며 자라는 특징이 있기 때문이다. 다른 식물하고 함께 살아가기를 거부하고 자리 잡은 터를 조금도 양보하지 않는다. 다른 나무들도 군락을 만들며 살지만, 대나무처럼 극단적으로 밀집해 자라는 경우는 드물다.

대나무가 모여 살 수 있는 이유는 줄기가 땅속에 있기 때문이다. 사진은 지상으로 잠시 드러난 땅속줄기를 담은 것이다. 마디마다 하나씩 달린 둥글고 뭉툭한 겨울눈은 봄이 되면 움이 튼다. 이 겨울눈이 땅속에서 자라면 지하부인 땅속줄기가 되고, 땅 위로 나오면 죽순이 되어 우리가 대나무라 부르는 지상부가 된다.

무리를 만들어 살면 협동하고 단결할 수 있다는 장점이 있지만, 동시에 위험 요소도 따른다. 같은 종이 지나치게 밀집하면 경쟁이 심해지고 밀식 스트레스로 굵게 자라지 못하고 건강도 약해진다. 바람이 잘 통하지 않는 빽빽한 대나무 숲에서는 광합성에 필요한 이산화탄소도 유입이 제한된다. 코로나19 바이러스는 박쥐 서식지가 파괴되면서 발생했지만, 밀집해 살던 사람들에게 빠르게 퍼져나갔다. 마찬가지로 대나무 숲도 화재나 병해충 같은 위험에 취약하다.

지하경(땅속줄기)에 달린 겨울눈

대나무는 종에 따라 수명이 다르다. 대나무로 유명한 인도 동북부 미조람 주에 사는 대나무는 약 48년, 조릿대는 대략 50년, 왕대는 120년을 주기로 산다고 알려져 있다. 그러나 우리가 대나무라고 알고 있는 지상부는 10년을 넘기기 어렵다. 지하부인 땅속줄기도 왕대는 7~10년, 솜대는 5~6년, 죽순대는 6~9년 정도 산다. 대나무 전체로는 50~120년을 살아 꽃을 피우지만, 지상부하고 땅속줄기는 생명 주기가 짧다.

왕대속 대나무의 원산지는 따뜻한 중국 남부로 알려져 있다. 화석 기록에 따르면 왕대와 솜대는 빙하기 이전 한반도에 서식한 듯 보이지만, 빙하기를 견디지 못하고 멸종했다. 이는 추위에 약하다는 사실을 말해 준다. 사람들의 필요에 따라 다시 한반도로 들여왔지만, 비교적 추운 경기도 북부 지역 위쪽으로는 겨울을 견디기 어려워 자라기 힘들다. 그래서 대나무는 주로 해류의 영향을 받는 동해, 서해 해안가, 남부 지방에서 자란다.

외떡잎식물에는 벼과, 사초과, 난초류 등이 있는데 대나무는 벼과식물이다. 외떡잎식물은 그물맥과 주 뿌리를 가진 쌍떡잎식물과 달리 나란히맥과 수염뿌리를 가지고 있다. 대나무는 초본으로 분류되지만 한동안 나무인지 풀인지 사람들을 혼란스럽게 만들었다. 겨울에도 지상부가 살아 있고 리그닌을 지니는 등 나무의 성질을 함께 갖고 있기 때문이다. 리그닌은 산소가 함유된 복합유기물질로 줄기를 단단하게 만들어 주는 대표적인 물질이다. 그렇지만 대나무는 부름켜(형성층)가 없다. 나무를 살찌우는 부름켜가 없

2020년 54일간 장마로 죽은 섬진강변 대나무

어 2차 생장이 일어나지 않으며 나이테도 없다. 그래서 대나무는 처음 한 해 동안 자란 크기 그대로 성장을 멈춘다. 더 자라거나 굵어지지 않는다.

대나무는 다른 초본 식물들처럼 꽃을 피우고 열매를 맺은 뒤에 죽는다. 그렇지만 한두 해 만에 꽃을 피우지 않고 50년, 100년을 살아 꽃을 피우고 열매를 맺는다. 그래서 다른 풀들은 대부분 말라 죽는 겨울에도 초록빛 잎을 간직한 채 살아간다.

습설로 땅까지 휘어진 대나무

대나무의 여러 가지 성질

사철 푸른 대나무는 물이 많은 따뜻한 곳을 좋아하고 속이 비어 탄력이 뛰어나며, 마디마다 생장점이 있어 성장 속도가 빠르다. 물을 좋아하는 특성을 더 살펴보자. 연평균 강수량이 1500밀리리터가 넘는 지역이 알맞은데 한국에는 강수량이 1600밀리미터 정도 기록하는 제주도만 들어맞는다. 내륙은 대부분 강수량이 1200밀리리터 정도라 물가에서 대나무가 잘 자란다.

강수량이 부족해 어쩔 수 없이 햇빛과 물을 얻기 좋은 물가에 살지만 물가는 위험하다. 언제든 물에 잠길 수 있기 때문이다. 2020년 관측 사상 가장 긴 54일간 장마로 섬진강 둑이 무너지고, 구례 시내가 침수되는 일이 있었다. 섬진강변에 자라던 대나무 숲도 오랜 시간 물에 잠겨 고사했다. 사진은 이듬해인 2021년 5월에 찍었는데 죽어서 쓰러져 있는 대나무가 장마 피해 흔적을 생생하게 보여준다.

탄성이 뛰어난 대나무의 특징은 습한 눈이 내릴 때 잘 드러난다. 이른 봄, 습설에 휘어진 대나무 모습을 담은 사진이다. 습설은 눈송이에 수분이 많아 일반 눈보다 훨씬 무겁다. 습설 무게는 대나무를 땅까지 휘게 만들지만 뛰어난 탄성 덕분에 쉽사리 부러지지 않는다. 눈 무게를 견디며 땅까지 휘어졌다가 다시 곧게 일어선다.

어느 겨울 아침에 밤새 습설이 내린 모습을 보고 눈 무게에 휘어진 대나무 모습을 상상하며 사진기를 들고 달려갔다. 예상대로

2020년 겨울, 동사한 왕대밭에서 자라는 신생죽

대나무는 엄청나게 휘어져 꼭대기가 땅에 닿아 있었다. 힘들어 보이던 대나무는 날이 개고 해가 뜨자 서서히 머리를 들고 다시 일어섰다.

소나무는 눈의 무게를 견디지 못하고 부러지는 경우가 많지만, 대나무는 몸을 유연하게 휘어 무게를 흘려보내며 생존한다. 가끔 엄청난 소리를 내며 줄기가 쪼개져 쓰러지기도 하지만 대부분 휘어졌다가 다시 회복된다.

대나무는 속을 비워서 강한 바람이나 무거운 눈에도 유연하게 적응해 왔다. 대나무가 속이 비어 있는 이유는 줄기 내부 조직이 벽 조직보다 성장 속도가 느리기 때문이다. 이런 특징이 나타나는 이유는 마디마다 생장점이 있기 때문이다.

다른 식물은 꼭대기나 가지 끝에 생장점이 있어서 끝 부분이 자라지만 대나무는 마디마다 생장점이 있어 모든 마디에서 자란다. 그래서 스프링이 늘어나듯이 자라며 조건만 맞으면 하루에 1미터까지 자란다. 특히 껍질에도 생장점이 있어 껍질을 벗겨내면 성장이 멈춘다. 이런 특성을 이용해 마디가 짧거나 줄기가 휘어지는 특이한 모양으로 대나무를 키우기도 한다.

2020년 겨울은 유난히 추웠다. 그해 대나무는 냉해를 입어 잎이 누렇게 변했고 광합성을 제대로 하지 못해 많은 대나무가 얼어 죽었다. 대나무가 죽어가는 모습은 사람들 사이에서 근심거리였다. 그러나 겨울이 지난 뒤 지리산 둘레길을 걷다 보면 대나무는 여전히 푸르게 서 있었다. 그런 모습을 본 사람들이 내게 물어 온다.

"겨울에 대나무가 다 죽었다고 분명히 들었는데, 저 대나무는 어떻게 살아남았어요?"

여러 대나무 중에 추위를 잘 견디는 종류가 있기 때문이다. 2020년 겨울, 모두가 죽은 줄 알고 있던 대나무들 사이에서 살아남아 지리산 둘레길을 푸르게 물들인 대나무는 바로 솜대였다. 솜대는 왕대보다 추위에 더 강하다. 왕대의 최저 생육 온도는 영하 10도 정도이지만, 솜대는 영하 15도까지 생존할 수 있다.

줄기가 누렇게 변한 왕대 숲은 얼어서 죽은 듯 보이지만 실제로는 대나무라 부르는 지상부만 죽고 땅속줄기는 살아있다. 땅속줄기에서 싹을 틔운 어린 대나무는 누렇게 죽은 왕대 사이에서 다시 새로 올라온다. 이렇게 죽은 대나무숲에서 새로 나오는 대나무를 신생죽이라 부른다. 첫해에 신생죽은 새끼손가락보다 얇은 굵기로 가늘게 올라오지만 해마다 조금씩 굵어지고 높게 자라난다.

동해를 입어 상층부가 모두 죽거나 사람들이 대나무를 베어낸 숲에서도 살아남은 땅속줄기에서 신생죽이 다시 돋아나서 10년 정도 지나면 원래 대나무 숲으로 회복한다.

대나무에 꽃이 피면

대나무꽃과 관련된 흥미로운 이야기가 있다. 미조람 주는 인도 동쪽 끝에 있어 미얀마와 국경을 마주하고 인도 중심부하고 거리가 멀다. 원래는 작은 부족 단위로 살아가던 곳이었지만 영국령 인도 제국에 편입되면서 지배를 받았다. 인도가 독립한 뒤에는 아삼 주에 속해 있다가 1986년 인도 정부와 평화 협정을 맺고 미조람 주로 승격했다.

미조람 주에서는 대나무에 피는 꽃을 재앙으로 여긴다. 대나무가 꽃을 피워 열매를 맺으면, 이 열매를 먹고 쥐가 폭발적으로 번식하고, 먹이를 다 소비한 쥐 떼가 마을로 내려와 사람들 식량을 갉아먹기 때문이다.

1959~1960년 미조람에서 대나무가 일제히 꽃을 피우면서 쥐 떼가 대규모로 창궐했다. 이 현상을 대나무 대기근이라는 뜻으로 마우탐^{Mautam}으로 부른다. 주민들은 인도 정부가 세금은 걷어가면서 재난이 벌어졌는데도 국가적인 지원은 하지 않는 데 분노했고, 미조국민전선을 결성했다. 미조국민전선은 독립을 선언하고 무장 투쟁을 20년 동안 지속했고 결국 미조람은 독립적인 주로 승격했다. 대나무에 핀 꽃이 미조람 독립운동의 도화선이었다.

2007년 11월에도 약 50년 만에 미조람에서 대나무가 대규모로 꽃을 피웠다. 그러자 쥐 떼가 추수를 앞둔 들판을 폐허로 만들었고 약 100만 명이 기아 위기에 처했다고 한다.

대나무 꽃과 열매에 관한 조선시대 기록이 남아 있다. 국사편찬위원회 조선왕조실록 사이트에서 '대나무'를 검색하면 몇 가지 내용이 나온다.

강릉부 대령산의 대나무에 열매가 열어 보리와 함께 익었는데, ……한 사람이 하루에 5, 6두斗 혹은 10두를 수확하여, 백성들이 모두 7, 8석石씩 저축하여 조석 끼니를 마련하였습니다(태종 10년, 1410).

씨를 맺지 않았었는데 4월 이후로 온 산의 대나무가 갑자기 다 열매를 맺어 …… 보리농사가 흉작이었으므로 백성들이 바야흐로 굶주림에 시달리고 있었다. 이때에 이르러 이것을 따서 전죽饘粥을 만들어 먹고 살아난 자가 많았는데……(경종 3년, 1723).

쌀 1석은 약 160킬로그램인데 쌀 7, 8석은 1톤이 넘는 양이다. 인도에서는 재앙이던 대나무 꽃이 태종 시대 강원도에서, 경종 시대 제주도에서 흉년을 맞아 굶주리던 사람들에게 식량이 되었다는 기록이 흥미롭다.

2016년 서부지방산림청에서 숲해설가로 일하던 시절, 남원시 운봉읍에 사는 주민을 남원 양묘장에서 처음 만나서 들은 이야기다. 열 살 무렵 어느 날, 아버지가 갑자기 "얘들아! 산에 가자"라며 마대 자루를 하나씩 들려주고 형제를 산으로 데려갔다. 산에는 조릿대 열매가 가득 열려 있었고 세 사람은 손으로 열매를 훑어 각자

마대자루를 가득 채워 집으로 돌아왔다. 집에 돌아와 껍질을 벗긴 뒤 쌀과 섞어 밥을 지었더니 하얀 쌀밥은 위로, 조릿대 밥은 아래로 자연스레 나뉘었다고 한다. 어머니는 쌀밥을 퍼서 아버지에게 주고 조릿대 밥은 아이들하고 나눠 먹었다고 한다. 그날을 하나하나 기억하면서 소중한 추억으로 간직하고 있다고 했다.

대나무 꽃에 얽힌 또 다른 이야기로 '개화병'이라는 말이 있다. 대나무가 꽃을 피우고 죽는 현상을 마치 다양한 이유로 꽃이 펴서 결국 죽는 병으로 설명하는 글이나 기사를 여럿 볼 수 있다. 그렇지만 병이라는 표현은 생물의 다양성을 간과한 시각이라 할 수 있다. 벼가 꽃을 피우고 쌀을 맺은 뒤 생을 마감하는 일을 병이라고 하지 않듯이 벼과인 대나무도 당연히 꽃을 피우고 열매를 맺은 뒤 죽는다. 다만 타고난 생애 주기가 벼는 1년에 한 번이지만, 대나무는 약 50년에 한 번이라는 점이 다를 뿐이다.

대나무처럼 꽃을 피운 뒤 생을 마감하는 나무도 있다. 타치갈리 베르시컬러Tachigali versicolor로 일생에 단 한 번만 꽃을 피우고 생을 마감하기 때문에 '자살나무'라는 별칭이 붙었다. 적도 부근 열대 우림에서 자라며 30미터까지 자란다. 꽃을 피운 뒤 생을 마감하는 이유는 하늘을 가릴 정도로 빽빽한 밀림 속에서 햇빛이 들어올 공간을 만들기 위함이다. 그 자리에서 싹을 틔운 자손이 살아남아 유전자를 남기려는 전략이다.

여기서 식물들의 두 가지 생존 전략을 알 수 있다. 자살나무나 대나무처럼 꽃을 피운 뒤 생을 마감하는 식물을 일임 식물monocarpic

2018년 노고단에서 찍은 조릿대 쌀

^{plant}이라고 한다. 일임 식물들은 한 번에 엄청나게 많은 씨앗을 퍼뜨려 번식한다. 일부가 포식자에게 먹혀도 살아남을 수 있을 만큼 씨앗을 많이 남기는 전략이다. '포식자 포만 전략'이라고도 한다. 반대로 일생 동안 여러 번 꽃을 피우는 식물은 다회결실성 식물^{polycarpic plant}이라 한다.

대나무나 자살나무는 단순히 죽는 것이 아니라 자손이 살아갈 땅을 마련하기 위해 자리를 비켜주는 모습이다. 저마다 환경에 맞는 생존 방식으로 살아가고 있다.

사람과 동물, 시간을 엮는 대나무

"간세다리야, 똥꾸녕에 해 떳져."

휴일이면 이불을 돌돌 말고 늦잠을 자는 우리 형제에게 어머니가 늘 하던 말씀이다. 간세다리는 제주말로 게으름뱅이를 뜻한다. '게으름뱅이야, 해가 하늘 높이 떴으니' 얼른 일어나라는 의미다.

어머니에게 간세다리이던 나는 이제 숲에서 어슬렁거리며 나무를 보고 있다. 어린 시절보다 더 '간세허멍 이래주왁 저래주왁 세경배리멍(게으르게 이리 기웃 저리 기웃 딴청피우며)'.

그런데 제주조릿대는 더는 게으름을 부릴 수 없는 문제가 됐다. 제주조릿대가 왕성하게 번식하면서 다른 나무들이 뿌리를 내리지 못해 숲의 다양성이 위협받고 있기 때문이다.

조랑말 방목이 줄면서 제주조릿대를 먹던 포식자가 사라진 탓이라는 주장이 있다. 학자들은 2015, 2016년 이 주장을 검증하는 실험을 진행했다. 울타리를 치고 조랑말을 풀어 제주조릿대를 먹이로 제공했다. 그렇지만 조릿대만 먹다 보니 조랑말에게 영양 문제가 발생했다. 사람도 밥과 국, 반찬으로 영양 균형을 맞추듯 말들도 다양한 먹이가 필요한데 조릿대만 섭취한 말들은 배는 불렀지만 영양 불균형으로 건강이 악화했다. 결국 실험은 중단됐다.

제주조릿대의 번식은 포식자 부재만으로 설명할 수 없다. 기후 변화나 제주조릿대를 활용하던 전통 생활 도구가 사라지는 등 복합적인 요인이 맞물린 결과다. 과거에는 조릿대를 이용해 다양한 생활 도구를 만들었지만, 플라스틱 같은 대체재가 등장하면서 조릿대 활용도는 자연스럽게 줄어들었다. 제주조릿대 문제는 인간 활동, 포식자 감소, 전 세계에 영향을 미치는 기후 변화가 복합적으로 작용한 결과라고 할 수 있다.

대나무는 사람뿐만 아니라 곤충과 동물도 의지하며 살아간다. 바둑돌부전나비는 이름처럼 바둑돌을 닮은 날개를 가진 매우 아름다운 나비다. 이 나비는 조릿대의 즙을 빨아 먹는 진딧물을 잡아먹는다. 한국에서 유일하게 육식을 하는 나비다.

대나무 순이 올라올 때면 대나무쐐기알락나방이 돌돌 말려진 잎을 뚫고 알을 낳는다. 시간이 지나 잎이 커지고 펼쳐지면서, 줄을 맞춘 듯 일정한 간격으로 구멍이 뿅뿅뿅 나 있다. 많은 사람이 신기해하며 이런 대나무 잎을 볼 때마다 이유를 궁금해 한다. 대나무쐐기알락나방 애벌레는 흔히 대나무 해충으로 알려져 있다. 그런데 대나무를 먹는 곤충을 해충이라 부르는 사람 중심의 관점을 조금 내려놓아야 한다.

해충은 해로운 벌레라는 뜻인데 사람이 목적을 가지고 재배하는 밭이나 논에 나타나 피해를 입히는 벌레에게 쓰는 말이다. 그런데 이 말을 자연에 그대로 적용하기도 한다. 예를 들어 천연기념물 숲이나 자연휴양림에 가면 가로등 밑에서 '해충 퇴치기'가 왱왱거리며 돌아가고 있다. 자연에서는 그곳에 사는 동식물이 주인이라고 하지만 손님으로 방문한 인간을 위해 주인인 곤충을 해치는 일이 벌어지고 있다. 숲은 사람이 관리하는 밭이나 논이 아니기 때문

관리번호 : 04
insect repellent auto sprayer
해충기피제
자동분사기
작동버튼을 먼저 누른 뒤 사용해주세요!
How to use it for foreigners
Video Image
작동버튼을 눌러주세요!
Please press the button.
분사건의 손잡이를 당겨주세요!
Pull the handle of the spray gun.
팔, 다리, 옷 위에 뿌려주세요!
(얼굴과 목 위에는 사용하지 마세요.)
Spray it on your arms, legs, and clothing.
(Do not use on the face and neck.)
사용상의 주의사항
· 5세 미만의 영유아는 사용하지 마세요.
· 사용 후 귀가하여 반드시 씻어주세요.
· 신속히 흡수될 수 있는 피부부위 사용금지(상처, 점막 등)
· 피부 알레르기 반응자 사용금지(알콜 성분 함유)
· 화기 또는 인화성 물질을 향하여 사용하지 마십시오.
· 반려동물 사용금지

해충퇴치기

해충기피제

에 그곳에 사는 벌레를 해충이라고 하면 안 된다.

아이들이 숲에 갈 때 뿌리는 해충기피제도 그렇다. 해충기피제는 아이들에게 숲에 사는 생명체들은 해롭다는 인식을 무의식중에 심어 준다. 숲에서 곤충에게 물리지 않으려면 곤충을 죽여도 된다고 가르치고 있다.

자연은 불편을 감당하며 찾는 곳이다. 위험을 알고 대비한 뒤 들어간다. 숲에 가려면 모기와 뱀이 싫다는 이유로 피할 수는 없다. 그것이 싫다면 안전한 이불 속에 머무는 편이 낫다. 몇 사람의 불편을 이유로 주변 생물을 죽이는 해충퇴치기의 왱왱거리는 소리를 들으며 산책하는 일은 지나치게 이기적인 행위다. 벌레를 부정적으로 규정하는 '해충'이라는 말은 신중하게, 꼭 필요한 경우에만 사용해야 한다.

멧돼지가 만든 집을 처음 본 것은 지리산에서 반달가슴곰을 추적하던 때였다. 사람 발길이 닿지 않는 깊은 산속에서 가끔 보였다. 곰 추적 팀에서는 멧돼지 탱이라 불렀고, 야생 동물 조사 활동을 하는 하정옥 형님은 멧돼지 산실이라고 불렀다.

멧돼지가 산죽을 잘라 만든 이 둥지는 철쭉, 산철쭉 같은 작은 떨기나무로 만들기도 한다. 굵은 나뭇가지를 엄니로 잘라 만든다. 둥지에 지붕까지 얹는데 손이 없는 멧돼지가 어떻게 폭이 2~3미터에 달하는 곳에 지붕을 만드는지 신기할 따름이다.

멧돼지탱이처럼 크지는 않아도 가끔 곰이 만든 탱이도 보일 때가 있다. 곰이 만든 탱이는 곰탱이라고 하는데 대나무가 잘린 곳을

멧돼지탱이

———

곰탱이

바깥쪽을 향하게 만드는 모습이 특이했다. 대략 1미터 정도로 동그랗게 만들어놓고 그 위에 앉아서 쉰다. 동물들도 사람들처럼 대나무를 다양한 방식으로 이용하며 살아가는 모습이다.

사람이 술에 취하고 기분에 취하듯 대나무도 취하는 날이 있다. 옛 어른들은 이날을 죽취일이라 불렀다. 사시사철 푸르고 물을 좋아하는 대나무는 땅속줄기를 잘라 옮겨심기가 쉽지가 않다. 뿌리가 잘리고 광합성에 필요한 물이 부족하면 금세 말라 죽기 때문이다. 그래서 대나무를 옮기는 일은 여간 어려운 일이 아니었다.

그렇지만 음력 5월 13일은 다르다. 이즈음은 장마가 시작될 무렵으로 옮겨 심어도 물이 부족하지 않다. 그리고 대나무가 새순을 밀어 올리는 시기하고 맞물린다. 지난해 잎이 떨어지고, 연둣빛 새 이파리가 나오면 대나무는 오뉴월 햇살이 반갑다. 이 시기에 내리는 비는 대나무에게 축복이나 마찬가지다. 물을 실컷 머금은 대나무는 술에 취한 듯 무아지경에 빠져 땅속줄기가 잘려도 아픈 줄 모르고 어미 대나무를 떠나도 슬픔을 모른다고 한다. 그래서 옛사람들은 '죽취일에 대나무를 옮겨 심으면 반드시 잘살고 무성해진다'고 말했다.

후손을 위한 땅

밭에서 기르는 나무는 비료와 거름을 주어 해마다 열매가 열린다. 그러나 야생에서는 열매를 맺고 나면 영양이 부족해서 몇 해 동안 열매를 맺지 않는다. 이렇게 해를 건너뛰는 현상을 해거리라고 한다. 열매를 맺지 않는다고 하지만 하나도 안 열리지는 않는다. 해거리를 하더라도 꽃은 피고, 조금이지만 열매도 맺는다. 그러나 대나무는 다르다. 50년에 한 번, 씨앗을 만든 뒤 생을 마감한다. 다른 식물에 비교하면 극단적인 번식 방식이다.

불리한 조건을 극복하기 위해 대나무는 왕국을 건설하는 전략을 택했다. 땅속줄기를 뻗으며 세력을 넓히고 억척스럽게 모은 양분으로 수십 년 동안 자기들만의 왕국을 일군다. 이 왕국에서 어린 후손이 안전하게 살 땅을 물려주려 한다. 다른 식물을 밀어내고 침입을 막으며 때로는 자신조차 버거운 정도로 빽빽한 숲을 만든다. 땅속에서도 마찬가지다. 땅속줄기하고 뿌리가 얽히고설켜 다른 식물의 뿌리를 허락하지 않는다.

모든 생명은 자식이 살아가기 가장 좋은 방식으로 길을 터 준다. 범은 새끼에게 사냥 기술을 가르치고, 초식동물은 새끼에게 먹을 수 있는 풀을 구분하는 법을 가르친다. 나무도 마찬가지다. 오래 사는 나무는 씨앗을 멀리 보내야 자식을 위할 수 있다는 것을 안다. 사실 어미 나무가 살고 있는 땅이야말로 씨앗이 자라기에 가장 좋은 곳이다. 어미 나무와 오래 공생해 온 땅속 균이 씨앗에게도 최적의 환경을 제공하기 때문이다. 그렇지만 그 자리에 씨앗이 떨어지면 어미나무하고 경쟁자가 되기 때문에 멀리 보내야 한다.

그렇지만 대나무는 다르다. 어미 대나무는 번식을 준비하면서 서서히 죽어간다. 어미나무가 살던 땅은 씨앗에게 가장 적합한 터전이지만, 숲에 틈이 생기고 빛이 들어오면 다른 식물도 들어와 씨앗이 생존하기 어려워진다. 그래서 대나무는 수십 년간 땅속 균과 공생하며 대나무가 살기 좋은 흙을 만든다. 다른 나무를 거부하며 씨앗이 자라기에 최적인 환경을 만들어 놓는다. 그렇게 어미 대나무가 없는 세상에서도 후손이 살아남을 수 있게 최선을 다해 왕국을 만들어간다. 다른 나무는 씨앗이 죽어도 다음 해에 다시 만들면 된다. 그러나 대나무는 번식을 하고 나면 죽는다. 더는 뒤가 없다.

개화병이라 부르며 꽃피고 열매를 맺으면 죽는 현상도, 지독할 정도로 밀집해서 살아가는 대나무 생태도 결국 진화의 결과다. 대나무는 생존과 번식, 특히 자식의 생존에 모든 것을 건다. 지독하리만치 똘똘 뭉쳐서 사는 대나무의 생태적 환경은 결국 어미가 자식을 위한 땅을 만들어온 진화의 이야기다.

아이들에게 즐거운 놀잇감이었고 생활에 없어서는 안 될 나무였지만 플라스틱이 등장하면서 점점 외면받게 됐다. 요즘 대나무를 검색하면 가장 많이 나오는 검색어는 '대나무 없애는 법'이다. 한때 자식을 대학에 보낼 정도로 살림에 보탬이 되어서 '대학나무'라고도 불렸고, 쓸 데가 많아서 집 가까이 심던 대나무는 이제 애물단지가 돼 없애야 할 대상으로 전락했다.

경남 하동군에서 대나무 공예를 하는 친구에게 이런 이야기를 들었다. 대나무 공예를 하는 사람들 사이에서는 '죽(竹)일을 하면 죽(粥)만 먹고 살아야 하지만 그래도 죽(粥)은 먹고 산다'는 말이 전해진다고 한다. 큰돈을 벌기는 어렵지만 욕심을 부리지 않으면 먹고사는 데는 지장이 없다는 뜻이다.

"죽만 먹고 살게 될 텐데, 그래도 이 일을 배울래?"

친구의 스승은 친구에게 이런 말을 했다고도 한다. 대나무처럼 부드럽고 단단한 내 친구는 죽일을 하면서도 생각처럼 죽만 먹고 살지는 않는다고 한다.

대나무는 생활에서 소중한 자원이면서도 때로는 위험한 나무이기도 했다. 특히 대나무는 낫으로 자르면 안 된다는 말이 있다. 낫으로 비스듬히 자르면 땅에 남아 있는 부분이 날카로운 죽창처럼 변하기 때문이다. 예전에는 고무신을 신고 다니던 사람들이 낫으로 잘린 대나무에 발이 찔려 크게 다쳤다는 이야기를 어른들에게 들은 적이 있다. 그래서 대나무는 반드시 톱으로 잘라야 한다. 그렇게 자른 대나무는 복조리, 죽부인 같은 생활용품으로 다시 태어났다.

제주도에서는 대나무로 애기구덕을 만들어 사용했다. 움푹 파인 구덕에 아기를 눕히고 자장가를 부르며 발로 흔들어 주면 아기는 칭얼거리다가도 금세 잠이 들었고 어머니는 두 손으로 바느질을 하거나 집안일을 할 수 있었다.

국민학교 다니던 시절에는 송충이 잡는 날이 있었다. 전교생이 솔밭으로 송충이를 잡으러 가던 날은 놀이처럼 즐거운 행사였다. 요즘처럼 학교에서 준비물을 주는 시절이 아니어서 우리가 직접 도구를 준비해야 했다. 친구들과 함께 이대를 잘라 송충이 잡는 도구를 만들고 깡통을 주워 송충이 담을 그릇도 챙겼다. 친구들과 뭔가를 함께한다는 것만으로도 신이 났다.

연도 직접 만들었다. 가오리연은 창호지에 밥풀을 발라 붙이고 꼬리는 신문지를 잘라 길게 이어 달았다. 방패연은 복잡해서 어린 아이가 만들기에는 힘들었지만 낑낑대고 있으면 형들이 도와 줬다. 바람이 많은 동네라 연은 잘 날지만 큰 나무가 많아 나뭇가지에 걸리는 일도 잦았다.

댓잎을 따서 배를 만들어 물에 띄우기도 했다. 잎에는 유리의 주요 성분인 규산질이 많아 손이 베이기도 했지만 친구들하고 배를 띄워 시합을 하며 놀았다. 대나무를 가랑이에 끼우고 이랴이랴 하며 말놀이를 하던 기억도 난다.

나무!
돌아보다

나무가 보내는 구조 신호

나무와 숲은 문명이 발전하는 데 없어서는 안 될 디딤돌이었다. 나무 대신 화석 연료와 플라스틱이 중심이 된 오늘날에도 나무는 우리하고 함께하며 삶에 기반이 되고 있다. 여전히 우리 일상 곳곳에서 나무는 쓰임새가 많아지고 있다. 이제는 휴양과 치유처럼 마음을 달래 주는 일까지 맡고 있다. 더불어 기후 문제가 전 세계를 휩쓰는 시대에 나무와 숲은 가치와 구실이 더욱 중요해졌다. 그런데 우리는 숲을 동반자로 여기고 있을까, 아니면 여전히 착취의 대상으로 대하고 있을까. 나무와 숲을 향한 우리의 태도를 살펴보려 한다.

가로수는 삭막한 도시의 환경을 부드럽게 하고, 공기를 정화하며, 소음을 줄이고, 여름에는 시원한 그늘을 제공하는 등 중요한 기능을 한다. 가로수를 심을 때는 기후와 토양, 환경에 적합한 나무를 신중히 선택해야 한다. 심은 뒤에도 나무가 잘 적응하는지 지속적으로 관찰하고 기록해야 한다. 그렇지만 현실은 다르다. 남부 지방 해안에 적합한 나무를 깊은 내륙에 심거나 우듬지나 가지를 싹둑 자른 모습을 쉽게 볼 수 있다. 우듬지는 나무 꼭대기 부분에 있는 중심 줄기를 뜻한다. 우두머리라는 느낌이 묻어나는 우듬지를 자르면 품위도 사라진다. 그럴 때마다 나무 선택과 관리 기준이 제대로 마련돼 있을까 하는 의문을 품는다.

내가 사는 남원시 시목市木은 배롱나무다. 화려한 꽃은 영화와

명승지 지정을 미루는 동안 한쪽 사면에 나무가 베어진 용유담

화합을, 백일 동안 피는 꽃은 끈질긴 생명력을 상징한다고 선정 이유를 남원시 누리집에서 소개하고 있다.

그런데 2024년 남원시에서 자라는 배롱나무들이 제대로 꽃을 피우지 못했다. 가로수든 정원수든 어디에서도 배롱나무는 꽃을 피우지 못했고 간혹 피더라도 몇 송이에 지나지 않았다. 가지 끝이 말라 죽어가는 나무들도 눈에 띄었다. 10월에 잎이 검푸르게 변한 모습은 예년과 전혀 달랐다. 분명 나무들에게 변화가 일어나고 있었다. 나무는 꽃을 피우지 않으며 환경에 문제가 있다고 신호를 주며 말하고 있었지만, 우리는 신호를 알아듣지 못하고 있다.

관광객을 유치하기 위해 산 정상에 있는 나무를 베거나 멋진 절벽을 드러내기 위해 숲을 없애는 일들이 흔히 벌어지고 있다. 환경을 파괴하고 도로를 넓히며 외래종 나무로 숲을 꾸미는 행태는 한국이 숲을 어떤 시선으로 대하고 있는지 단적으로 보여 준다.

용유담은 지리산 서북 능선과 노고단에서 천왕봉으로 이어지는 물이 모여 흐르는 곳으로 진주 남강을 거쳐 낙동강으로 이어진다. 이곳에는 한때 높이 140미터 높이로 지리산 댐을 건설하려는 계획이 있었다. 사진 속 용유담 다리가 약 30~40미터 높이라는 점을 감안하면, 다리보다 약 100미터나 높은 거대한 댐이 들어설 예정이었던 셈이다. 댐을 반대하는 시민들과 단체들은 '지리산댐반대대책위원회'를 꾸려 치열하게 싸운 끝에 댐 건설 계획을 막아냈다.

'용이 노닐다 가는 곳'이라는 이름처럼 용유담은 아름다운 경치를 품고 있다. 2018년 방영된 드라마 〈미스터 선샤인〉에서 주인공 애신이 사격 훈련하는 장면을 촬영해 더욱 유명해졌다. 그러나 2021년 4월 11일《오마이뉴스》에 실린 기사에 따르면, 2011년 문화재청이 용유담을 명승지로 지정하려 했지만, 함양군과 한국수자원공사는 지리산 댐 건설 계획을 이유로 명승지 지정 반대 의견을 제출했다. 2018년 댐 건설 계획이 백지화했는데도 지자체는 명승지 지정 계획을 전혀 세우지 않고 있다.

그러던 2021년 2월, 용유담 한쪽 사면에서 나무들이 싹 베어지는 일이 벌어졌다. 사실 그해 1월부터 함양군은 눈에 잘 띄지 않는 곳부터 조용히 벌목을 시작했고 사진 속 장면은 두 번째로 벌목한 결과였다. 원래 이곳에서 다리까지 세 번째 벌목을 진행하는 계획이었지만 지역 주민들과 시민단체의 문제 제기와 언론 보도로 추가 벌목은 중단됐다. 만약 아무도 문제를 제기하지 않았다면 네 번째, 다섯 번째 벌목이 이어졌을지도 모른다. 베어진 나무 옆에는 중국단풍나무를 심은 작은 공원도 있다. 자생하던 나무들만 제거하고 중국단풍나무 같은 외래종은 그대로 둔 일은 더욱 안타깝다.

시민단체 '국립공원을지키는시민의모임 지리산사람들'은 지자체에 벌목 이유를 질의했고 이런 답변을 받았다.

1. 농업 폐기물을 버리지 못하도록 하기 위해서

2. 겨울철 나무 그늘로 인한 빙판길 사고를 예방하기 위해서

3. 바람에 날려온 폐비닐이 나뭇가지에 걸려 지저분해지는 것을 막기 위해서

그러나 이 문제들은 계도와 단속으로 충분히 해결 가능한 사안이었다. 나무를 베어 버리는 해결책은 빈대 잡으려다 초가삼간 태우는 격이었다.

또 4월 5일《오마이뉴스》기사에 따르면, 함양군 마천면 관계자가 코로나 여파로 차에서 내리지 않고도 경치를 즐기는 사람들에게 절경을 보여 주려 나무를 제거했다고 답변한 사례도 있었다.

제주도에는 삼나무가 오름이나 방풍림으로 많이 심겨 있다. 일제는 1924년 한라산에서 목재를 수탈하고 그 자리에 빨리 자라는 삼나무를 심었다. 제주 사람들은 삼나무를 대나무처럼 쑥쑥 자란다는 뜻으로 쑥대낭이라 부른다.

아열대성 기후가 섬나라 일본하고 비슷해서 제주도는 삼나무가 자라기 좋다. 그러나 사철 푸른 잎을 가진 삼나무 아래는 햇빛이 거의 들지 않아 다른 자생종이 살아남기 어렵다. 삼나무가 심어진 지 100년이 지난 지금도 삼나무 아래는 여전히 삼나무뿐이다.

제주도 비자림로에 자라던 삼나무를 벌목한 소식은 큰 이슈가 되었다. 환경단체와 지역 주민들이 강하게 반대하자 언론을 통해 보도됐고 온라인에서도 열띤 논쟁이 벌어졌다. 팔색조가 서식하는 숲이기 때문에 반드시 보호해야 한다는 주장이 이어졌다. 자생종이 아닌 삼나무숲에도 팔색조가 사는데 자연림이었다면 얼마나 더 다양한 생명이 살 수 있었을까? 단일 수종으로 조성된 숲은 생물 다양성에서 한계가 분명하다. 비자림로 삼나무에 관심이 집중된 덕분에 논의가 활발해졌지만 정작 제주 전역에 심은 삼나무가 외래종이라는 문제까지 논의를 확장하지 못해 아쉬웠다.

태백산에서 비슷한 일이 있었는데 희망적인 사례다. 2016년 태백산이 22번째 국립공원으로 지정되면서 도립공원 시절 심은 낙엽송을 벌목하려 했다. 그때도 시민단체와 언론이 강하게 반대했지만 3년이 지나 확인해 보니 전면 벌목을 하지 않고 솎아베기를 했고, 그 결과 햇빛이 들면서 자생 수종이 들어서고 숲은 점차 다양해지고 생태적 건강성을 회복해 가고 있었다.

제주도 검은오름도 비슷하다. 유네스코 세계자연유산으로 지정된 검은오름은 세계자연보전연맹이 한 권고에 따라 자연 식생을 복원하기 위해 삼나무 솎아베기를 진행했다. 그 결과 고유 수종이 되살아나며 생물 다양성이 증가했고 2029년까지 삼나무를 단계적으로 제거하고 자연림으로 완전히 복원하려고 한다.

제주도 삼나무처럼 육지에서는 편백나무가 비슷한 문제를 일으키고 있다. 피톤치드가 좋다는 이유로 이곳저곳에 무분별하게 편백나무를 심었다. 삼나무나 편백나무 씨앗이 날려 후계목이 자라는 문제도 있다. 키가 큰 상록수인 이 나무들 아래에서는 햇빛 부족으로 자생 식물이 자라기 어렵다. 이런 이유로 나는 삼나무와 편백나무를 '생태계 교란 식물'로 지정해야 한다고 생각한다. 생태계 교란 식물이란 외래식물 중 생태계를 위협하거나 위협할 염려가 있는 식물을 뜻한다. 자생종을 위협하는 이 두 나무는 충분히 조건에 부합한다고 본다.

한국에서 편백숲 하면 전라남도 장성군이 가장 유명하다. 250

헥타르가 넘는 장성 편백숲은 춘원 임종국 선생이 일제 강점기와 한국전쟁을 거치며 황폐해진 축령산에 20년 넘게 편백나무를 심어 만든 숲이다. 1990년대 들어 군에서 이 숲을 포 사격장으로 만들려 했을 때, 주민들은 인분을 몸에 발라가며 저항해 숲을 지켜냈다. 장성 편백숲은 땀과 눈물, 이야기가 깃든 곳이다.

그런데 지금 한국에서 편백나무는 무분별하게 심어지고 있다. 편백숲은 장성군 말고 두세 곳 정도면 충분하다고 여겨진다. 편백 제품 수요가 많아지면 편백 농장을 만들면 된다. 지금처럼 무분별하게 심으면 의미를 지닌 편백숲의 가치마저 떨어뜨리고, 원래의 우리 숲과 생태계에도 피해를 줄 뿐이다.

삼나무처럼 빙하기 이전 한반도에 살다가 멸종한 종이 다시 한반도에 들어오는 일을 반기는 사람도 있다. 원래 한반도에 살던 종들이라 고유한 생태적 다양성이 복원된다고 보기 때문이다. 그러나 그렇지 않다. 빙하기를 넘기지 못한 일은 땅이 한 일이고, 환경이 한 일이고, 지구가 한 일이다. 한반도에 적응하지 못했다면 그만한 이유가 있다. 만약 그런 나무들을 다시 들여온다면, 사람들이 예쁘다고 좋아한다며 원칙 없이 심을 것이 아니라 생육 환경을 고려해 적절한 나무를 명확하게 선정하고 만약 적합하지 않은 곳이라면 심은 뒤에도 철저하게 관리해야 한다. 왜냐하면 빙하기를 견딘 나무들과 숲, 환경도 위태롭기 때문이다.

배롱나무 꽃

제자리에서 자라지 못하는 나무들

배롱나무는 '백일홍'이라는 이름으로 중국에서 들여온 나무인데 한글 이름인 '배롱나무'가 만들어진 이력이 독특하다. 《한국 식물 이름의 유래》에 따르면 백일홍을 여러 번 빠르게 반복해 말하면 '배롱배롱'처럼 들리는데 그래서 배롱나무라는 이름이 생겼다고 한다.

배롱나무 꽃은 한여름부터 피기 시작해 잎이 다 지고 난 늦가을까지 대략 백일 동안 피고 지기를 반복한다. 꽃이 많이 피는 만큼 열매도 많이 맺는다. 배롱나무는 껍질이 벗겨진 독특한 줄기와 오랫동안 피어 있는 꽃 덕분에 많은 사람에게 사랑받는 나무다.

담양군에 있는 명옥헌 원림은 배롱나무 정원으로 유명하다. 연못가에 줄지어 서 있는 배롱나무는 여름철 꽃이 피면 피는 대로 겨울이면 꽃과 잎이 모두 떨어진 모습대로 연못과 어우러져 사시사철 아름다운 풍경을 만들어낸다. 400여 년 전 조선시대에 만들어진 이 전통 정원은 오랜 시간이 흐른 지금도 배롱나무를 세심히 관리하던 손길과 마음 씀씀이가 고스란히 전해진다.

그렇지만 배롱나무는 제주도나 남해 일부를 빼면 한국 기후 환경에 잘 맞는 나무는 아니다. 중국 양쯔강 이남 지역이 원산지고 껍질이 자주 벗겨지는 특성상 따뜻한 기후에서 잘 자란다. 그런데도 독특한 줄기와 화려한 꽃 때문에 경기도처럼 위도가 높아 추운 내륙에서 많이 심는다.

실상사에 있던 배롱나무

배롱나무는 정원수나 가로수로 주로 심지만 사찰이나 무덤에서도 자주 볼 수 있다. 사찰과 무덤은 인간사의 경계에 있는 장소다. 무덤은 삶과 죽음이 맞닿은 곳이고, 사찰은 속세를 벗어나는 경계에 있다. 이곳으로 가는 사람들은 속세의 모든 것을 내려놓아야 한다. 그런 곳에 배롱나무를 심는 이유는 배롱나무 껍질이 벗겨지는 모습은 마치 속세와 인연을 끊고 내려놓는 모습처럼 보이기 때문이다. 그러나 배롱나무가 껍질을 벗는 이유는 벌레를 쫓기 위한 생존 전략이다.

사찰에서 만난 배롱나무 이야기를 들려주려고 한다. 사진은 남원시 산내면에 있는 천년고찰 실상사에서 있던 배롱나무다. 내가 찾아갔을 때 이곳에는 배롱나무가 몇 그루 자라고 있는데 그중 한 그루는 죽어 있었다. 그런데 특이하게 그 죽은 나무속에서 배롱나무가 자라고 있었다. 마치 엄마 품에서 싹을 틔워 살아남은 모습이었다. 매우 드문 장면이다. 보통 썩은 나무 둥치에서 새싹이 자랄 때는 썩은 부위를 거름 삼아 자란다. 그러나 이 배롱나무는 그렇지 않고 비어버린 몸속에 고인 흙에서 자라고 있었다.

남원에서는 배롱나무가 스스로 싹을 틔워 자라는 모습을 본 적이 없었는데, 남원 시내보다 평균 2~3도가 더 낮은 지리산 골짜기에 자리한 실상사에서 싹이 난 것이다. 죽은 배롱나무 바깥쪽에서 움이 튼 것이라면 맹아지일 가능성이 높지만, 몸통 속에서 싹이 나온 것은 씨앗이 발아한 것으로 여겨진다. 바람이나 재해 등으로 원래 있던 줄기가 잘리거나 부러져 없어지면 줄기나 뿌리에서 싹이

용문사 은행나무

새로 움트는데 그 싹을 맹아지라고 한다. 그런데 이 배롱나무 줄기는 이미 죽어서 맹아지가 나올 수 없다. 설령 죽기 전에 나왔다 하더라도 나무 바깥쪽에서 움이 터야 한다. 몸통 안에서 나온 것은 씨앗에서 싹이 튼 경우다. 이 부분을 강조하는 것은 그만큼 귀한 모습이기 때문이다.

배롱나무는 빠르게 자라는 나무가 아니다. 죽은 나무는 지름이 약 30센티미터 정도로 100살이 넘었을 가능성도 있다. 오랜 시간 동안 나무는 홀로 자라지 않고 땅속 균과 공생하며 살아왔다. 나무는 균에게 광합성으로 만든 양분을 제공하고 균은 나무를 위해 주변에서 물과 무기질을 끌어다 준다. 어미 나무가 균과 공생하며 만든 땅은 자식 나무가 싹을 틔우기에 최적의 환경이었기 때문에 그 속에서 씨앗이 발아할 수 있었다.

그런데 어느 날 이 나무가 사라졌다. 방문객이 많은 유명한 절이다 보니 죽은 나무가 보기 좋지 않다는 이유로 관리 차원에서 베어낸 모양이었다. 나무를 없애기 전에, 죽은 어미 배롱나무가 공들여 만든 환경에서 자식 나무가 싹을 틔우고 자란다는 설명과 함께 생명이 이어짐과 순환을 담은 팻말을 붙였으면 더 의미 있지 않을까 하는 아쉬움이 진하게 남는다.

용문사 은행나무는 1100살 정도로 정선군 두위봉에서 1400살이나 되는 주목이 발견되기 전까지 한국에서 가장 오래된 나무이자 가장 키 큰 나무로 알려져 있었다. 한때 키가 60미터가 넘었지만 고사 위기에 처해 가지를 20미터 정도 잘라내면서 이제는 40미

터 정도 된다. 그러나 여전히 한국에서 가장 키가 큰 나무로 기록
된다. 축대 공사로 뿌리에 충격을 받아 고사 위기에 처했다는 주장
이 있지만 정확한 원인은 밝혀지지 않았다.

은행나무를 보러 가던 날, 너무 설레고 흥분됐다. 용문사로 오
르는 길에서 마치 스무 살 무렵 만난 첫사랑을 30~40년이 지나 다
시 만나러 가는 듯한 느낌이 들었다. 마침내 용문사에 다다라 사
천왕문이 눈앞에 보였다. 한 걸음 내딛고 사천왕문 위를 바라본다.
또 한 걸음 내딛고 사천왕문 위로 살짝 보이는 은행나무를 느껴본
다. 조금씩 보이는 저 나무가 용문사 은행나무임을 단번에 알 수
있었다. 한꺼번에 마주하기에는 가슴 떨림이 너무 컸다. 떨리는 가
슴을 진정하고 진정하면서 은행나무 가지 끝에 매달린 잎을 하나
하나 음미하며 천천히 천천히 다가섰다. 이 글을 쓰는 순간에도 그
떨림이 전해진다.

사찰로 올라가는 길은 찻길도 있고 오솔길처럼 이어진 숲길도
있다. 보존이 잘된 숲이라 일부러 숲길 쪽으로 걸었다. 그런데 용
문사 은행나무는 후계목이 숲에서 보이지 않았다. 1100년이나 살
아온 어미나무가 있으면 숲에서 자식들을 쉽게 만날 수 있어야 한
다. 아니면 모여 사는 작은 숲이라도 있어야 한다. 그런데 숲에는
어린 은행나무가 보이지 않았다. 어미나무 밑에는 수없이 떨어져
있는 은행 씨앗이 보인다. 그렇지만 숲에는 없다. 후계목이 살 수
없는 곳에서 살아가는 은행나무를 생각해 보았다.

자식이 살아갈 수 없는 땅에서 산다는 것은 어떤 마음일까. 수

없이 맺은 열매, 그 열매에서 움터 오르는 생명들. 그러나 그 생명은 이어지지 못하고, 어느 순간 다시 홀로 남는다.

표준국어대사전은 고독(孤獨)을 이렇게 풀이한다. "1. 세상에 홀로 떨어져 있는 듯이 매우 외롭고 쓸쓸함. 2. 부모 없는 어린아이와 자식 없는 늙은이."

세상에 홀로 떨어진 존재, 부모 없고 자식 없는 천백 년 시간. 나에게 가슴 떨리는 만남을 선사하던 용문사 은행나무는 오늘도 고독한 세월을 살고 있다.

참느릅나무, 팽나무, 꾸지뽕나무, 느티나무 등 주변 숲에 있는 나무가 살고 있는 닭뫼마을 마을숲

공존을 위한 공간, 마을 숲

옛날 양반이나 고관대작들은 아흔아홉 칸 대저택에 정원을 꾸며 살았지만, 서민들은 함께 사는 마을에서 필요에 따라 마을 숲을 만들고 활용하며 살았다. 마을 숲은 풍수지리적으로 울타리가 되어 마을을 보호하고 마을의 기운이 빠져나가지 못하게 하려고 조성했다.

마을 숲에는 방조림, 어부림, 비보림, 수구막이 등이 있다. 방조림防潮林은 바닷바람이나 파도를 막기 위해 바람과 염분에 강한 나무를 심어 만든 숲이고, 어부림漁付林은 물속에 미생물과 물고기가 살 수 있는 환경을 조성하기 위해 그늘을 제공하는 숲이다. 비보림裨補林은 부족한 것을 보완한다는 뜻으로 풍수지리적으로 허한 곳을 채우기 위해 조성된 숲이다. 수구水口막이는 마을 입구에서 물이 흐르는 곳에 작은 못이나 둠벙을 만들어 그 주변에 나무가 자연스레 자라게 해서 마을의 기운이 빠져나가거나 나쁜 기운이 들어오지 못하게 막는 숲이다.

이런 마을 숲에는 어떤 나무를 심었을까? 마을 숲마다 목적에 맞게 특정 나무 한 종을 심거나 다양한 나무를 함께 심기도 했다. 이때 심은 나무는 대부분 마을 주변 숲에서 자라는 나무를 가지고 와서 심었다. 느티나무가 많으면 느티나무를, 팽나무가 많으면 팽나무를, 서어나무가 많으면 서어나무를 심었다.

지금 도심 한가운데 조성되는 현대 공원하고 마을 숲은 비슷한 점이 많다. 물론 현대 공원은 풍수 사상하고 무관하지만, 사람들이 초록빛으로 편안히 쉴 수 있게 하고 새와 곤충이 함께 살아갈 수 있다는 점에서 마을 숲하고 비슷하다. 그러나 도심 공원에 심어지는 나무를 보면 대부분 단풍이 예쁘거나 꽃이 크고 화려한 외래종이다. 필요하다면 외래종을 심을 수도 있겠지만 제주도를 빼고 전국 공원에 심은 식물들이 모두 비슷해 보이는 현상이 나만의 착각이었으면 좋겠다.

외래종에도 곤충과 새가 찾아오기는 한다. 그러나 대부분 곤충은 먹이식물이나 산란 식물이 정해져 있다. 따라서 새나 곤충이 더 많이 찾아오게 하려면 옛 조상들이 마을 숲을 조성할 때처럼 가까운 숲에서 자라는 나무를 심어야 한다. 주변 산에서 가져온 나무를 마을 숲에 심으면 그 나무를 먹이로 삼는 곤충도 함께 들어온다. 그러면 그 곤충을 찾는 새와 동물도 따라와 마을 숲은 숲과 마을을 이어주는 생태적 징검다리로 다양한 생명이 오가는 통로가 된다.

경상남도 함양군에 있는 상림은 천 년 전에 홍수를 막기 위해 만든 마을 숲이다. 둑을 만들고 둑이 무너지지 않게 주변에 자생하던 나무를 옮겨 심었다. 이곳에는 나무 80여 종이 살고 있다. 어느 날 그곳에서 할아버지가 손자와 함께 곤충채집통과 채를 들고 다니는 모습을 보았다. 할아버지와 어린 손자의 동행은 비단 곤충을 잡는 것만은 아닐 것이다. 곤충을 잡으며 할아버지의 어린 날의 추억을 나누며 걸었을 것이다.

마을 숲은 생태적으로 중요한 기능을 할 뿐만 아니라 문화와 역사를 함께 품고 있다. 사람들에게는 휴식처가 되고 쉼 속에서 공동체 문화가 형성되며 다양한 동식물이 공존하는 공간이 된다.

박준 시인이 쓴 시 〈광장〉처럼 사람이 새하고 함께 사는 법은 새를 새장에 가두려 하지 않고 마당에 풀과 나무를 가꾸는 일이다.

기억을 심는 일

식물은 자리를 잡은 곳에서 평생을 살아가지만, 사람들은 늘 분주하다. 꽃을 피울 때는 시선을 주고 향기를 맡지만, 꽃이 지고 난 후에는 눈길을 주지 않는다. 그런 식물 중에 많은 수는 열매를 맺지 않는다. 설령 열매를 맺었어도 씨앗에서 싹이 트는 경우는 매우 드물다. 그러나 사람들은 알지도 못하고, 이상하다고 여기지도 않는다. 하지만 식물이 꽃을 피우면서도 열매를 맺지 못하는 것, 열매가 맺혀도 싹이 트지 않는 것은 너무나 이상한 일이다. 자연 상태에서는 결코 일어나서는 안 될 일이다. 자연 상태에서 이런 일이 일어나면 그 종은 멸종하게 된다.

나무가 뿌리를 내린 자리에서 죽을 때까지 살아가는 것은 본성이다. 그래서 사람들이 나무를 옮겨 심는 것은 본성을 거스르는 일이다. 나무가 처음부터 의지해 온 흙과 물, 빛과 바람, 주변 생명들이 한순간에 바뀐다. 그 변화는 커다란 두려움이 된다. 그래서 나무를 옮길 때 나무가 두려워하지 않게 세심하게 배려하고 정성을 쏟아야 한다.

우리는 주변에서 가로수나 공원수를 자주 마주친다. 가로수로 심어진 나무는 너무 커서 매년 가지를 잘라야 하고 거대한 뿌리는 도로를 밀어 올린다. 공원에 심긴 나무들은 꽃은 피우지만, 열매를 맺지 못하거나 맺더라도 씨앗이 싹을 틔우지 못한다. 심어진 곳의 환경이 나무의 자연스러운 생장에 적합하지 않기 때문이다.

잘린 가로수는 몸살을 앓는다. 상처가 심한 나무는 꽃도 열매도 맺지 못한다. 그러다 심하면 죽어버리기도 한다. 그래서 감당하기 어려운 큰 나무보다는 주변에 자생하는 작은키나무나 떨기나무를 권하고 싶다. 주변에 사는 나무를 선택하면 열매가 맺히고 씨앗에서 싹이 트는 모습을 볼 수 있고 함께 살아가는 작은 생명체들을 만날 수 있다. 그리고 여건이 안 되는 곳에 무리해서 나무를 심지 않는 방법도 있다.

우리 삶에는 늘 나무가 함께해왔다. 놀이나 노동, 예술 어디에나 나무가 있었다. 지금도 어르신들은 익숙한 나무나 꽃을 보면 웬만한 숲해설가보다 설명을 더 잘한다. 그런데 요즘 공원에는 찔레 대신 장미가, 잣나무 대신 스트로브잣나무가 심겨 있다. 공원 바닥에 죽은 가지와 낙엽이 쌓여 있어야 습도가 유지되고, 축축한 곳을 좋아하는 노래기, 지네, 쥐며느리 같은 동물이 살 수 있다. 그러나 낙엽과 마른 가지는 쌓이는 대로 걷어내기 바쁘다. 머루와 다래가 자라며 찔레와 싸리가 살고 있으면 얼마나 풍성한 이야기들이 오고 갈까.

1960~1970년대에는 많은 산이 벌거벗어 있었다. 헐벗은 산에 빠르게 나무를 심는 것이 중요했다. 그래서 어떤 나무를 심을지 고를 여유가 없었다. 낙엽송, 리기다소나무, 아까시나무처럼 외래종을 되는대로 심었고, 정원수도 대부분 일본에서 들여온 수종이었다. 지금은 환경부도, 산림청도, 지방정부도 마음만 먹으면 양묘장 하나쯤은 어렵지 않게 운영할 수 있다. 그런데도 여전히 공원에

는 외래종이 많다. 한국 사람들에게 외래종 나무에 얽힌 추억이 별달리 없다. 그런 나무를 두고 손자와 할아버지가 나눌 이야기가 부족하다. 이 땅에서 함께 살아온 고유종이 있어야 이야기가 생기고, 기억이 전해진다.

나무를 심는다는 것은 단순히 나무 한 그루 심는 일이 아니라 환경을 심고, 이야기를 심고, 기억을 심는 일이다. 사람들의 생활도, 숲의 생태계도 나무를 중심으로 만들어지기 때문이다. 커다란 나무 한 그루는 숲속 생물종 30퍼센트하고 연결돼 있다고 한다. 그러나 외래종은 한국에 사는 균과 곤충, 동물에게 낯선 존재다. 관계를 맺는다 해도 제한적으로 맺을 수밖에 없다. 외래종을 무분별하게 식재하는 일은 생태계를 느슨하게 만들고 느슨해진 생태계는 기후위기 같은 극단적인 환경에 더 쉽게 무너질 수 있다. 나무가, 물이, 곤충이 살아가기 힘든데 사람만 행복할 수 있을까?

과학은 세상을 바라보는 눈이다. 지구가 우주의 중심이라 믿던 시대에 과학은 그런 믿음을 깨뜨렸고 우리는 비로소 지구 바깥 세계를 바라볼 수 있게 됐다. 특히 생물학은 생명을 바라보는 눈을 길러 준다. 다른 생명을 존중하지 않으면서 다른 사람을 존중할 수는 없다. 결국 인간답게 살아간다는 일은 생명을 존중하고 생명이 놓인 환경을 돌아보는 데서 시작된다고 생물학은 우리에게 알려 준다.

사실 지구는 생명에게 무심하다. 대멸종이 다섯 번이나 일어나도 지구는 여전히 태양 주위를 돌고 있으며, 사라진 생명에 아쉬움을 느끼지 않는다. 살아남은 생명은 무심한 지구에서 치열하게 버텼다. 배롱나무, 제비나비, 장수말벌, 임실납자루……. 우리 인간도 때때로 적대적인 지구 환경 속에서 치열하게 버틴 생명 중 하나이다. 살아가기 위해 다른 생명을 먹거나 이용했지만, 생명이 저마다 본성대로 살아갈 수 있도록 배려하는 마음이 필요하지 않을까.

숲에는 나무뿐 아니라 곰팡이, 곤충, 새와 짐승, 인간도 함께 기대어 산다. 각자 방식대로 살아가는 생명들 사이에서 우리는 어떤 자리에 서 있어야 할까. 나무를 중심에 두고 다시 생각해 보는 조그만 성찰이 우리 삶을 조금 더 유연하게 함께 가는 길로 이끌 수 있을지도 모른다.

첫걸음은 나무를 돌아보고 이름을 조용히 불러보는 데서 시작될 것이다.

강판권. 2013. 《나무열전》. 글항아리.

강혜순. 2002. 《꽃의 제국》. 다른세상.

공우석. 2016. 《침엽수 사이언스I》. 지오북.

공우석. 2019. 《우리 나무와 숲의 이력서》. 청아출판사.

국립수목원. 2010. 《식별이 쉬운 나무 도감》. 지오북

권순재. 〈'일제 때 송진 수탈' 피해 소나무 분포 지도 만들었다〉. 《경향신문》. 2019년 9월 9일.

김동진. 2018. 《조선의 생태환경사》. 도서출판 푸른역사.

김동호. 〈대덕바이오, 소나무재선충 방제기술 중국 국립공원서 수행〉. 《서울경제》. 2018년 1월 5일.

김사인. 2009. 《가만히 좋아하는》. 창비.

김정수. 〈도토리거위벌레 구멍 뚫기 자연모방한 드릴 개발〉. 《한겨레》. 2017년 11월 30일.

김종원. 2015. 《한국 식물 생태 보감 1》. 자연과생태.

김종원. 2016. 《한국 식물 생태 보감 2》. 자연과생태.

김준호. 2004. 《대나무》. 대원사.

김태영·김진석. 2020. 《한국의 나무》. 돌베개.

김태영·이웅·윤연순. 2022. 《겨울나무》. 돌베개.

남효창, 2008, 《나무와 숲》, 계명사

마굴리스, 린·세이건, 도리언. 2017. 홍욱히 옮김. 《마이크로 코스모스》. 김영사.

박병수. 〈인도, 48년마다 몰려드는 쥐떼..'마우탐' 대란〉. 《한겨레》. 2007년 12월 13일.

박준. 2015. 《당신의 이름을 지어다 며칠은 먹었다》. 문학동네.

버거, 윌리엄 C.. 2010. 채수문 옮김. 《꽃은 어떻게 세상을 바꾸었을까?》. 바이북스.

샤이고, 알렉스 L.. 2010. 이규화 옮김. 《올바른 나무전정》. 아인북스.

세이건, 칼. 2009. 홍승수 옮김. 《코스모스》. 사이언스북스.

신만용·김기원. 2010. 《식물과 생활환경》. 국민대학교 출판부

신준환. 2015. 《다시, 나무를 보다》. 알에이치코리아.

실버타운, 조나단. 2010. 진선미 옮김. 《씨앗의 자연사》. 양문.

윤성효. 〈"지리산 용유담, 명승 지정 위한 민관협의체 구성해야"〉. 《오마이뉴스》. 2021년 4월 11일.

윤주복. 2005. 《나무 쉽게 찾기》. 진선출판사.

윤주복. 2012.《겨울나무 쉽게 찾기》. 진선출판사.

이유미. 1995.《우리가 정말 알아야 할 우리 나무 백 가지》. 현암사.

임주훈. 2002.《참나무와 우리 문화》. 수문출판사.

임효순 · 지옥영. 2017.《식물혹 보고서》. 자연과생태.

자런, 호프. 2021. 김은령 옮김.《나는 풍요로웠고, 지구는 달라졌다》. 김영사.

자런, 호프. 2021. 김희정 옮김.《랩걸》. 알마.

전영우. 2003.《숲과 한국문화》. 수문출판사.

전영우. 2022.《조선의 숲은 왜 사라졌는가》. 조계종출판사.

정준호. 2018.《기생충, 우리들의 동반자》. 후마니타스.

조민제 · 최동기 · 최성호 · 심미영 · 지용주 · 이웅. 2021.《한국 식물 이름의 유래》. 심플라이프.

조양훈 · 김종환 · 박수현. 2017.《벼과 · 사초과 생태 도감》. 지오북.

조홍섭. 2015.《자연에는 이야기가 있다》. 김영사.

주간함양 최경인. 〈함양군 지리산 초입 용유담 강변 나무 수십 그루 벌목〉.《오마이뉴스》. 2021년 4월 5일.

차윤정 · 전승훈. 2010.《숲 생태학 강의》. 지성사.

차윤정. 2013.《나무의 죽음》. 웅진싱크빅.

최재길. 2023.《생명의 숲 함양상림》. 수문출판사.

최재천. 2017.《거품예찬》. 문학과지성사.

카슨, 레이첼. 2013. 김은령 옮김.《침묵의 봄》. 에코리브르.

카슨, 레이첼. 2018. 김홍옥 옮김.《우리를 둘러싼 바다》. 에코리브르.

키머러, 로빈 윌. 2021. 노승영 옮김.《향모를 땋으며》. 에이도스출판사.

파켄엄, 토머스. 2004. 전영우 옮김.《세계의 나무》. 넥서스BOOKS.

하라리, 유발. 2021. 조현욱 옮김.《사피엔스》. 김영사.

허호준. 〈제주 검은오름 일본산 삼나무 베어내자 한국산 살아났다〉.《한겨레》. 2023년 2월 21일.